Titelgestaltung:
DSR|Werbeagentur Rypka GmbH, 8143 Dobl/Graz
Titelbild: Sigi Erker

Bildnachweis:
Ofö Helmut Fladenhofer, Seite: 12, 20, 30, 32–38, 60, 71, 142, 160
Gabriella Polster, Seite: 22, 29, 50, 123, 136, 152–157, 171, 192, 204
Katharina Erker, Seite: 9 und Rückseite
Alle übrigen Bilder, Skizzen und Statistiken: Siegfried Erker

Quellen:
Forstverwaltung Zalaerdö – Ungarn, Seite: 16, 22
Statistisches Zentralamt Wien, Seite: 15, 24 und 26

Bibliografische Information der Deutschen Nationalbibliothek
Die Deutsche Nationalbibliothek verzeichnet diese Publikation in der Deutschen Nationalbibliografie; detaillierte bibliografische Daten sind im Internet unter http://dnb.d-nb.de abrufbar.

Hinweis:
Dieses Buch wurde auf chlorfreiem Papier gedruckt.
Die zum Schutz vor Verschmutzung verwendete Einschweißfolie ist aus Polyethylen chlor- und schwefelfrei hergestellt. Diese umweltfreundliche Folie verhält sich grundwasserneutral, ist voll recyclingfähig und verbrennt in Müllverbrennungsanlagen völlig ungiftig.

ISBN 978-3-7020-1273-1

Printed in Austria
Layout: graphik + design ziegler | 8054 Seiersberg | werbegraphik.net
Druck: Druckerei Theiss GmbH, A-9431 St. Stefan

Inhalt

Dieses Buch widme ich
„Anita und Erwin"
und meinen langjährigen Schwarzwild-Jagdfreunden
aus dem In- und Ausland.

Vorwort

Neben der freien Wildbahn hatte ich auch die Möglichkeit, über ein Jahrzehnt in Jagdgattern mit über 1.000 ha mein Wissen über das „intelligente“ Schwarzwild zu sammeln. Bei meinem Bestreben, die Spezies „Schwarzwild“ besser kennenzulernen, konnte ich stets auf die Unterstützung und Großzügigkeit der befreundeten Pächter sowie der Berufs- und Revierjäger zählen. Einige tausend Stück Schwarzwild aller Altersklassen (Frischlinge, Überläufer, Bachen, Keiler) konnte ich eingehend beobachten und studieren und kam so – neben meinen Wahrnehmungen aus der freien Wildbahn – zu meinen Erfahrungswerten. Mein Beobachtungsschema, das ich schon erfolgreich beim Reh- und Rotwild eingesetzt hatte, führte auch beim Schwarzwild zu jenen Erkenntnissen, die mich inspirierten, dieses Buch zu schreiben. Eine wirkliche Herausforderung stellt für mich auch hier immer wieder das Locken des urigen Schwarzwildes dar. Wie schon eingangs erwähnt, halte ich das Schwarzwild für die „intelligenteste“ Wildart. Bemerken möchte ich an dieser Stelle auch, dass eine flächendeckende Vermehrung des Schwarzwildes in unseren Regionen wohl nicht mehr zu stoppen sein wird, außer, es geschieht ein Wunder. Sogar bis in die Bergregionen dringt es vor. Immer wieder gibt es Meldungen, dass Schwarzwild in Regionen bis auf 2.000 m Seehöhe erlegt wird. Was es in diesen Regionen treibt, ist für mich nicht nachvollziehbar, da das Äsungsangebot in diesen kargen Gebieten nicht allzu groß ist. Vor allem wurde Schwarzwild durch unüberlegtes Füttern zum Standwild gemacht. Natürlich freut es jede Jägerin und jeden Jäger, wenn Schwarzwild im eigenen Revier vorkommt, aber wie lange hält diese Freude an? Das Schwarzwild benötigt für optimale Lebensumstände Ruhe und eine gute Deckung, verbunden mit dem erforderlichen Nahrungsangebot. Diese optimalen Gegebenheiten sucht es sich oft in großen Entfernungen. Zur raschen Vermehrung hat sicherlich nicht zuletzt auch die Landwirtschaft mit ihren Maiskulturen beigetragen. Riesige Getreide- und Maisfelder bieten ideale Bedingungen für Schwarzwildpopulationen, angefangen vom Futterangebot bis hin zum vorübergehenden Einstand. Eine Bejagung ist in diesen Bereichen kaum bis gar nicht möglich, da es keine Bejagungsflächen mehr zwischen Mais- bzw. Getreidefeldern einerseits und dem Wald andererseits gibt. Es wird bis zum Waldrand angebaut und die Saat ausgebracht. Sauen können so direkt vom Wald in die unmittelbar angrenzenden Felder gelangen und sich die Bäuche genüsslich vollschlagen. Bejagungszonen zwischen dem Wald und den Feldern benötigt man aber, um Schwarzwild optimal ansprechen und auch erlegen zu können. In Zukunft werden wir dieser Wildart mehr Aufmerksamkeit schenken müssen, da sie sich unaufhaltsam vermehren und ausbreiten und Regionen aufsuchen wird, die bisher noch nicht zu ihrem Lebensraum gezählt haben. In diesem Buch habe ich verschiedene Lebensbereiche unseres Schwarzwildes kurz – und ich hoffe auch verständlich – beschrieben. Welche Methoden bei der Lockjagd oder anderen Jagdarten auf das Schwarzwild zum Erfolg führen, möchte ich Ihnen anhand meiner langjährigen Erfahrungen in der überarbeiteten 2. Auflage weitergeben, damit auch Sie vielleicht – mit dieser meiner Meinung nach „intelligentesten" aller Wildarten – unvergessliche Erlebnisse mittels dieser Art der Bejagung verzeichnen können.

Weidmannsheil

Ihr

Siegfried (Sigi) Erker

Das Schwarzwild

Die Fähigkeit zur Anpassung und das intelligente Verhalten haben dazu beigetragen, dass sich diese Wildart über Generationen hinweg kaum verändert hat. Hinsichtlich Gestalt und Aussehen kann man das Schwarzwild mit keiner anderen Wildart verwechseln. Offenes Gelände ohne Deckung meidet es. Laubmischwälder lieben Wildschweine, weil sie darin leicht nach Nahrung (Bucheckern, Eicheln usw.) wühlen können. Dort, wo große Anbauflächen mit Mais, Raps oder sonstigem Getreide vorhanden sind, findet das Schwarzwild Deckung und seine Nahrung. Es braucht aber auch Wasserstellen, um zu trinken und sich zu suhlen. Eine Bejagung in großflächigen Gebieten ist so gut wie nicht möglich. Ich spreche hier von Anbauflächen mit einem Ausmaß von über 100 ha.
Wer sich mit der Problematik „Schwarzwild in der Landwirtschaft" befasst, weiß, wovon ich spreche. Das Nahrungsspektrum des Schwarzwildes umfasst

Gut gedeckt ist diese starke Bache im Wildacker.

pflanzliche und tierische Nahrung wie Mais, Getreide, Insektenlarven, Würmer, Kräuter, Gräser, Knollen, Eicheln, Früchte, Wurzeln, Mäuse, Gelege von Bodenbrütern, Jungtiere usw. Entscheidend für die Vermehrungsrate des Schwarzwildes ist seine Winternahrung. Ist diese im Überfluss (Waldmasten, gute Witterungsverhältnisse, kaum Schnee, kein gefrorener Boden usw.) vorhanden, so trägt dieser Umstand wesentlich zur Erhöhung der Schwarzwildpopulation bei. Bei markierten Bachen haben wir in mastreichen Wintern im Frühjahr mehr Frischlinge feststellen können als in strengen, mastarmen. Durch seine Anpassungsfähigkeit taucht es auch zunehmend in Stadtgebieten auf. Bestandsexplosionen wird es weiterhin in verschiedenen Revieren geben, wenn nicht dagegengesteuert wird. Schwarzwild lebt in geselligen Familienverbänden.

Den Kern jedes Verbandes bildet die Bache mit ihren Frischlingen. Auch Überläufer werden im Verband geduldet. Das Schwarzwild hat in der Regel – bei einer intakten Population – feste Einstände. Es zieht gegen Abend aus seinen Einständen zur Nahrungsaufnahme und kehrt morgens wieder

Eine starke Rotte mit einem schwarzweißen (links) Frischling. Dieser sollte umgehend aus der Rotte genommen werden.

dorthin zurück. Die Geschlechtsreife tritt bei guten Nahrungsbedingungen und normaler Struktur ab dem 1. Lebensjahr ein. Ist Letztere jedoch (gestörtes Sozialverhalten) nicht mehr intakt, kann es vorkommen, dass Frischlinge das ganze Jahr über zur Welt kommen. Die Ursache, weshalb das Sozialverhalten nicht mehr stimmt, liegt bei den Jägern selber. Wenn Leitbachen oder starke Bachen von den Frischlingen weggeschossen werden, aus welchem Grund auch immer, wird das Sozialverhalten so gestört, dass Frischlinge außerhalb der geplanten Wurfzeit im Frühjahr das ganze Jahr über zur Welt kommen. Dies schadet jedem Revier, da führungslos umherstreifende Frischlinge und Überläuferrotten schwer zu bejagen sind und vermehrt Schäden in der Landwirtschaft verursachen. In jedem Revier, in dem Schwarzwild vorkommt, sollte ein sozial richtig gegliederter Schwarzwildbestand oberste Priorität haben. Wichtig dabei ist auch immer, dass eine bestimmte Anzahl von Frischlingen das reife Alter erreichen kann. Das Verhältnis eines Schwarzwildbestandes zur Umwelt soll und muss ausgewogen sein, um Wildschäden zu vermeiden.

Vor der Geburt sondert sich die Bache von der Rotte ab und zieht sich in einen geschlossenen Wurfkessel zurück, den sie zuvor mit Gräsern und Ästen bzw. Zweigen gebaut hat. Nach einer Tragzeit von 4 Monaten wirft sie zwischen 3 und 12 Frischlinge und säugt diese 3 Monate lang. Bachen sind in der Zeit, in der sie ihre Frischlinge führen, oft sehr angriffslustig. Dies sollte man sich immer vor Augen führen, wenn man sich einem Wurfkessel nähert.

Morgendliche Stimmung im Sauenrevier

Vermehrung

Die Schwarzwildstrecken sind in Österreich seit 1950 um mehr als das Hundertfache angestiegen. Betrachtet man die Entwicklung der Schwarzwildstrecke (laut Statistischem Zentralamt) in Österreich, so waren es im Jahr 1950 noch 294 Stück und 2012/2013 unglaubliche 49.713 Stück (siehe Tabelle), die zur Strecke kamen. Aber auch in der Bundesrepublik Deutschland findet eine Entwicklung statt, die bedenklich ist. Waren es Anfang der 70er-Jahre jährlich noch rund 40.000 Stück, so stieg diese Zahl im Jagdjahr 2008/2009 auf sage und schreibe 646.790 Stück Schwarzwild an.

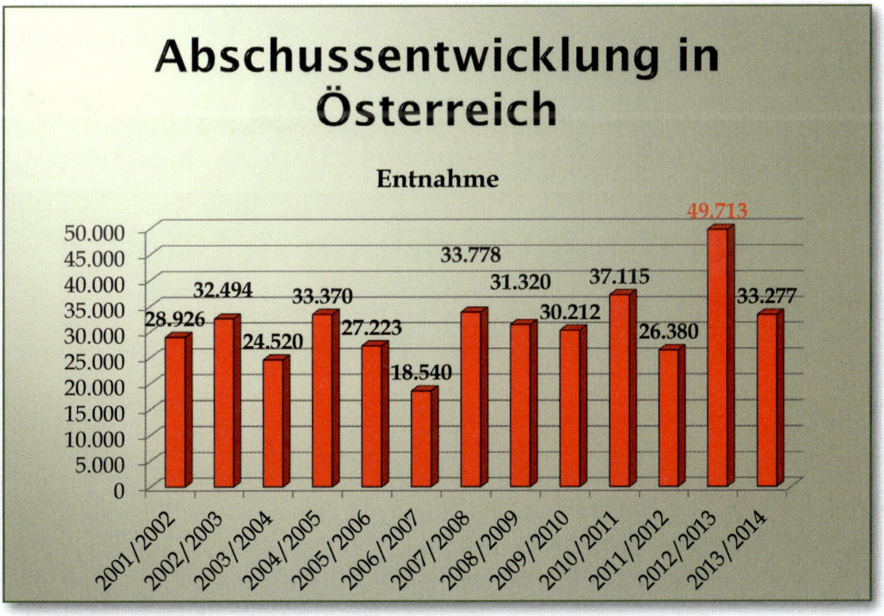

In Ungarn (siehe Tabelle Seite 16) waren es 1999/2000 noch 58.368 entnommene Sauen, und im Jagdjahr 2012/2013 auch bereits 159.257 Stück. Auch in Ländern wie der Schweiz, Slowenien, Italien, Tschechien, Slowakei, Polen, Rumänien und Bulgarien ist ein kontinuierlicher Anstieg der Jahresstrecken zu verzeichnen.

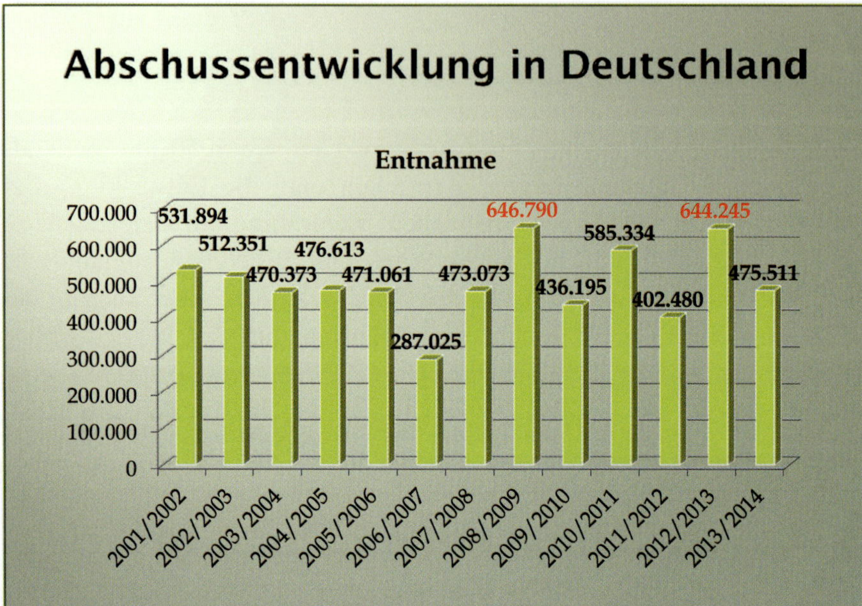
Abschussentwicklung in Deutschland
Entnahme
700.000
600.000
500.000
400.000
300.000
200.000
100.000
0
531.894
512.351
470.373
476.613
471.061
287.025
473.073
646.790
436.195
585.334
402.480
644.245
475.511
2001/2002
2002/2003
2003/2004
2004/2005
2005/2006
2006/2007
2007/2008
2008/2009
2009/2010
2010/2011
2011/2012
2012/2013
2013/2014

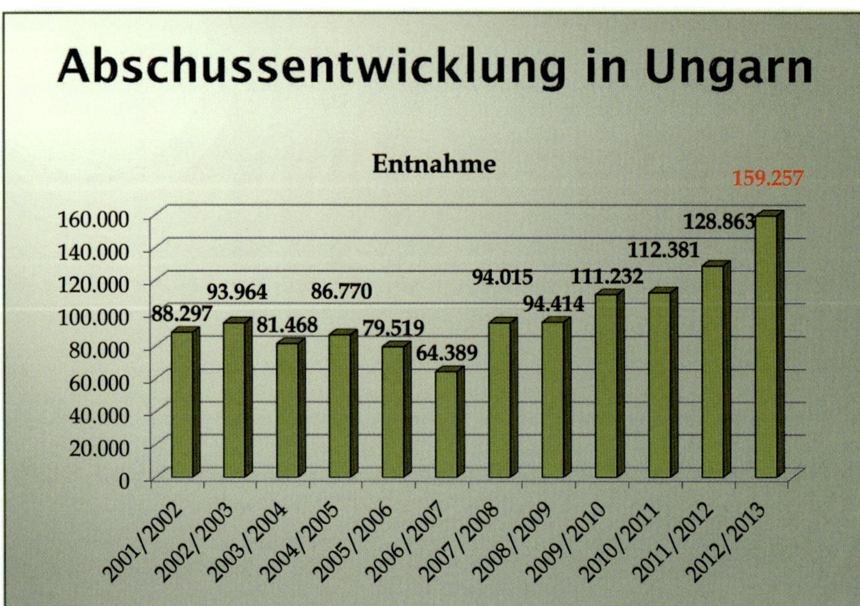
Abschussentwicklung in Ungarn
Entnahme
160.000
140.000
120.000
100.000
80.000
60.000
40.000
20.000
0
88.297
93.964
81.468
86.770
79.519
64.389
94.015
94.414
111.232
112.381
128.863
159.257
2001/2002
2002/2003
2003/2004
2004/2005
2005/2006
2006/2007
2007/2008
2008/2009
2009/2010
2010/2011
2011/2012
2012/2013

Laut Berechnungen und diversen Versuchen ist es möglich, dass es bei nur 2 Stück fortpflanzungsfähigem Schwarzwild (Keiler und Bache) im Revier, ohne negative Einflüsse – sprich Bejagung –, ab dem 4. Jahr zu einer Bestandsexplosion kommt. Man geht bei dieser Berechnung davon aus, dass eine Bache im Durchschnitt 4 Frischlinge wirft (junge Bachen bis 3 Jahre 2–3 Frischlinge, mittelalte Bachen von 4–7 Jahren 4–8 Frischlinge und alte Bachen mit 8 Jahren und älter nur mehr 2–3 Frischlinge).
Natürlich können junge Bachen sowie auch alte Bachen bis zu 12 Frischlinge frischen. Viele Populationsmodelle sind im Umlauf und die meisten gehen von einer Zuwachsrate von bis zu 200 % aus. Ich bin jedoch der Meinung, dass dieser Prozentschlüssel in einigen Jagdgebieten sogar noch höher liegt, da es speziell im Ackerbau zu einer wesentlichen Verbesserung der Ernährungssituation für das Schwarzwild gekommen ist. Man unterschätzt mitunter die Anpassungsfähigkeit dieser intelligenten Wildart. Lässt man der Natur also ihren freien Lauf, wäre es theoretisch möglich, dass man mit nur einer Bache und einem Keiler Anfangsbestand schon nach 5 Jahren einen Schwarzwildbestand von ca. 500 Stück (siehe Tabelle Seite 19) hat.

Bache mit Frischlingen, die wenige Tage alt sind.

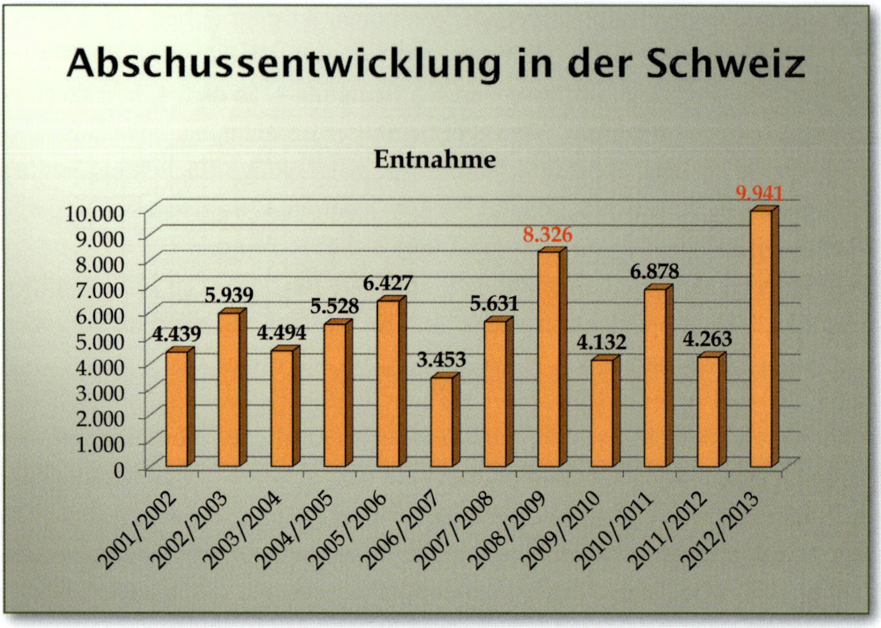
Abschussentwicklung in der Schweiz
Entnahme
10.000
9.000
8.000
7.000
6.000
5.000
4.000
3.000
2.000
1.000
0
4.439
5.939
4.494
5.528
6.427
3.453
5.631
8.326
4.132
6.878
4.263
9.941
2001/2002
2002/2003
2003/2004
2004/2005
2005/2006
2006/2007
2007/2008
2008/2009
2009/2010
2010/2011
2011/2012
2012/2013

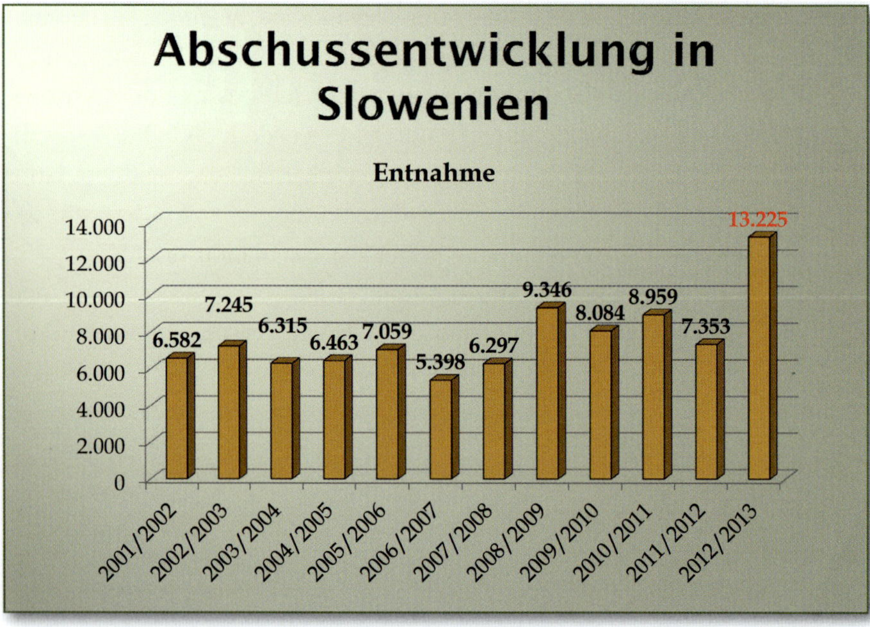
Abschussentwicklung in Slowenien
Entnahme
14.000
12.000
10.000
8.000
6.000
4.000
2.000
0
6.582
7.245
6.315
6.463
7.059
5.398
6.297
9.346
8.084
8.959
7.353
13.225
2001/2002
2002/2003
2003/2004
2004/2005
2005/2006
2006/2007
2007/2008
2008/2009
2009/2010
2010/2011
2011/2012
2012/2013

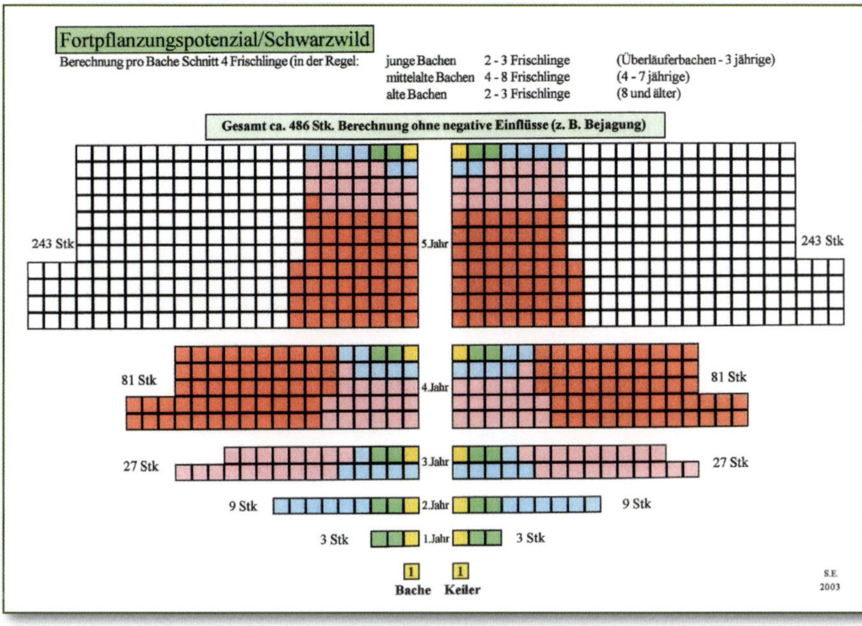

Auch wenn solche Modelle nicht praxisrelevant sind, zeichnen sie dennoch ein überzeugendes Bild des Vermehrungspotenzials des Schwarzwildes. **Es stellt sich immer wieder die Frage, wie viele Stücke müssen bzw. sollen jährlich aus dem Bestand genommen werden? Wie hoch soll die Vorgabe sein?** Geht man zum Beispiel von einer Schwarzwildpopulation von 100 Stück aus, wie viele müssen dann entnommen werden, um den Bestand nicht ansteigen zu lassen? Wenn die Population in einem Revier nicht mehr intakt ist, wenn Führungs- und Leitbachen fehlen, kann man bei dem oben erwähnten Bestand von 100 Stück mit einem unkontrollierten Zuwachs von bis zu 300 Stück jährlich und mehr ausgehen. Bedenken muss man dabei, dass Schwarzwild in nicht intakten Gebieten das ganze Jahr über frischen kann. Zieht man die normale Sterblichkeitsrate (abhängig von Witterungseinflüssen) von ca. 5–10 % ab, **so muss der Zuwachs „überlegt" entnommen werden.** Ist dies nicht der Fall, wird sich der Bestand vergrößern. Die Jahresstatistiken zeigen dies. Bei diversen Forschungsprojekten durch Steinfeld und Gethöffer unter Verwendung

Noch gibt es kein Problem.

der Briedermann'schen Alterspyramide haben beide eine annähernd gleich hohe Zuwachsrate von 275 % errechnet. Ein wesentlich höherer Stichprobenumfang liegt bei Gethöffer vor. Die Erkenntnis zeigt, dass bei einem gesunden, intakten Schwarzwildbestand, verbunden mit einer ausreichenden Nahrungsgrundlage sowie günstigen Witterungsverhältnissen, eine Zuwachsrate von bis zu 300 % auch nicht auszuschließen ist.

Geht man von einem Frühjahrswildbestand von 100 Stück aus, mit einer normalen Zuwachsrate (die es kaum noch wo gibt?!?) von nur 200 %, so müssen aus dem Bestand – unter Berücksichtigung der normalen Sterblichkeitsrate – um die 180 Stück Schwarzwild entnommen werden. Bei gleichem Frühjahrsbestand und einer Zuwachsrate von 250 Stück, unter Berücksichtigung der normalen Sterblichkeitsrate, müssen bereits um die 230 Stück entnommen werden. Der Bestand wächst unweigerlich, wenn aus wildbiologischen Gründen nicht um die 80 Prozent Jugend aus dem Bestand genommen wird, so die Meinung vieler Schwarzwildexperten. Wir wissen, dass dies kaum möglich ist, und deshalb „wächst" und „wächst" die Schwarzwildpopulation in immer größerem Maße.

Empfohlene Abschussmodelle von Experten?

Frischlinge		60,0 % bis 65 %
Überläufer		20,0 %
	Jugend-Anteil	**80,0 % bis 85 %**
Bachen		10,0 %
Keiler		10,0 % (5 %)
	Alters-Anteil	**20,0 %/15 %**

Interessant ist die Entwicklung der letzten zehn Jahre in Ungarn. Geht man von der jährlichen Frühjahrsbestandszählung der Bachen aus, so haben diese im Schnitt einen Zuwachs von 4,5 Frischlingen.

Abschussmodell (Schnitt der letzten 10 Jahre in Ungarn)

Frischlinge		15,0 %
Überläufer		46,0 %
	Jugend-Anteil	**61,0 %**
Bachen		18,0 %
Keiler		21,0 %
	Alters-Anteil	**39,0 %**

Die jährliche Entnahme liegt im Schnitt bei 380 % (siehe Tabelle). Eine Steigerung der jährlichen Abschüsse ist noch immer gegeben, aber in einem konstanten, noch überschaubaren Rahmen, gegenüber anderen Ländern.

Schwarzwild-Statistik:
Bestand/Abschuss in Ungarn 1999 bis 2008

Jahr	Bestand/Schätzung Bachen	Gesamt-strecke	%	Zuwachsfaktor Schnitt pro Bache
1999	18.198	58.368	320,73	3,5
2000	20.198	67.745	335,40	3,5
2001	21.361	88.297	413,35	4,5
2002	23.127	93.964	406,29	4,5
2003	22.246	81.468	366,21	4,0
2004	20.325	86.770	426,91	4,5
2005	19.831	79.519	400,98	4,5
2006	20.585	64.389	312,79	3,5
2007	21.147	94.015	444,57	5,0
2008	25.114	94.414	375,94	4,0
Gesamt	212.132	808.949	381,34	4,0
2009	26.312	k.W.	k.W.	kein Wert

Wie lange noch wird sich der Schwarzwildbestand nach oben entwickeln???

Starke Bache mit Frischlingen

Abschussmodell (Schnitt der letzten 10 Jahre in der Steiermark)		
Frischlinge		29,5 %
Überläufer		45,0 %
	Jugend-Anteil	**74,5 %**
Bachen		8,5 %
Keiler		17,0 %
	Alters-Anteil	**25,5 %**

Bei der Entwicklung in Ungarn sieht man, dass dieses Modell über Jahre nicht gerade das schlechteste ist. Trotz der hohen Entnahmen bei den Bachen mit 18 % steigt der Anteil der Frühjahrsbachen noch immer laut der flächendeckenden Frühjahrsbestandszählungen und Schätzungen.

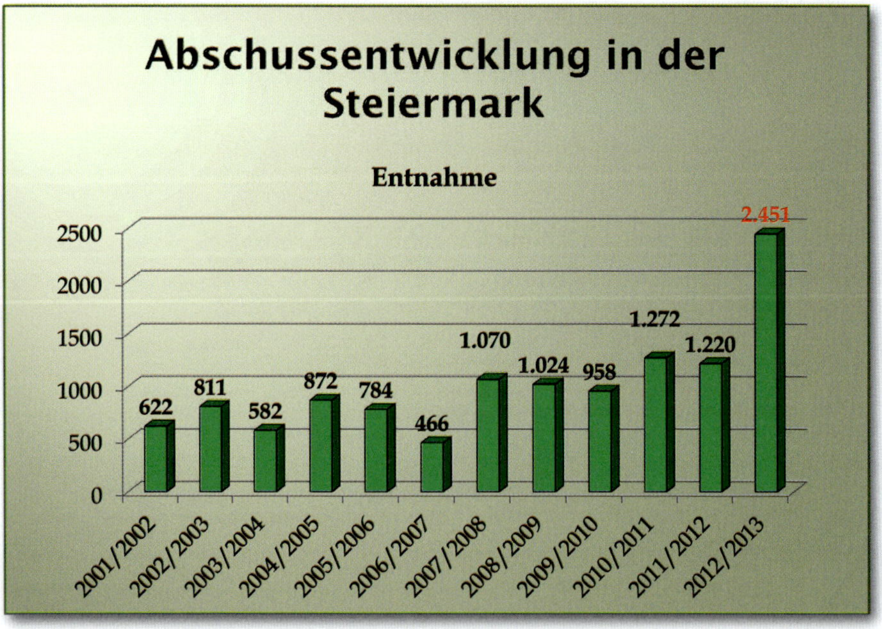

In der Steiermark wurden im Jagdjahr 1999/2000 nur 296 Sauen erlegt, im Jagdjahr 2012/2013 waren es bereits 2.451 Sauen. Dies ergibt eine bedenkliche Steigerung um 728 %.
Die Streckenstatistiken über Jahre belegen diese Entwicklung. Ich bin mir sicher und davon überzeugt, dass man mit diesem Abschussmodell die Vermehrung unaufhaltbar vorantreibt. Betrachtet man die Aufzeichnungen der Jagdjahre 2000/2001 bis 2012/2013 in Österreich, so muss man feststellen, dass sich die Abschusszahlen verdoppelt haben. Im Jagdjahr 2013/2014 gab es erfreulicherweise einen Rückgang auf 33.277 Stück Sauen. Es wird wieder Jahre der Steigerung geben, außer die österreichischen Jägerinnen und Jäger schaffen es, den Schwarzwildbestand auf einem vertretbaren Niveau zu halten. Wir haben viele Modelle durchgerechnet und auch umgesetzt, wobei sich eindeutig herausgestellt hat, dass mit steigendem Jagddruck und dem Fehlen von Führungs- und Leitbachen auch die Anzahl der Frischlinge zugenommen hat. In einem Jagdgatter erhöhten

Intakte Rotte

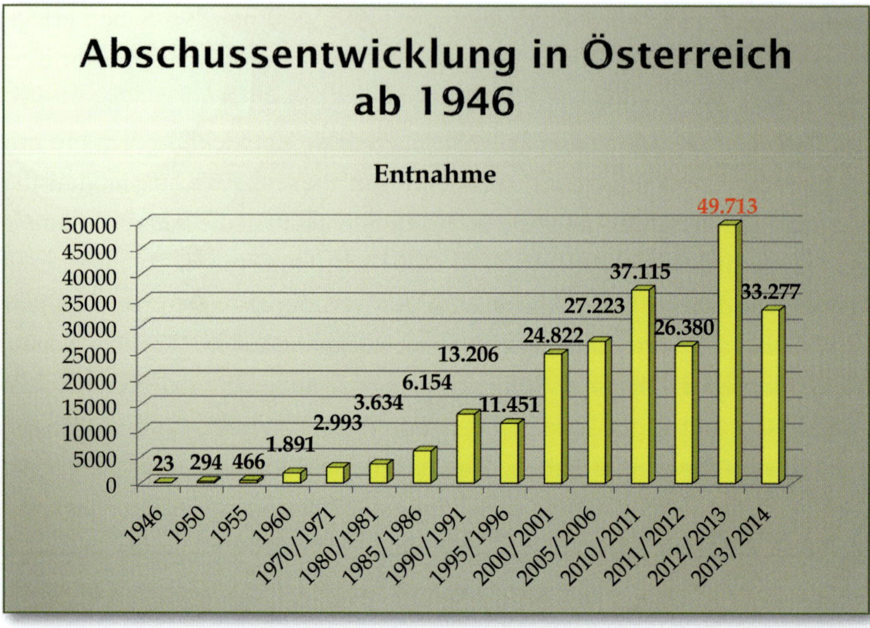

wir den Jagddruck extrem. Die Folge war, dass sich die Rauschzeit durch das Fehlen der Leit- und Territorialbachen veränderte. Starke Frischlinge wurden rauschig, übernahmen so die Rolle der fehlenden Leitbachen und brachten das ganze Jahr über schwache Frischlinge zur Welt. Nachdem wir den Jagddruck wieder normalisiert hatten (nur schwache und ausgesuchte Stücke kamen zum Abschuss), kehrte auch das Fortpflanzungsverhalten nach 3 Jahren wieder zur Normalität zurück. Leitbachen übernahmen wieder die Rotten, was mich in meiner Ansicht bestärkte, dass Leitbachen für das Verhalten eines Bestandes maßgeblich mitverantwortlich sind. Man sollte daher ein besonderes Augenmerk auf sie werfen. Bei Ansitzjagden ist dies möglich, bei großangelegten Treibjagden jedoch, bei denen nicht immer alle Jägerinnen und Jäger die gleiche Einstellung und Auffassung vertreten, wird dies schon schwieriger. Meistens kommt bei den getriebenen Sauen die Leitbache als Erste über die Schneise. Es gehört schon viel Disziplin dazu, dass man Leitbachen ziehen lässt. Ich war bei weit über hundert Treibjagden im In- und Ausland schon dabei, als Jagdleiter oder auch als Gast, und habe

Man sollte starke Bachen schonen, so gut es geht, auch bei Bewegungsjagden.

immer wieder darauf hingewiesen, dass man Leitbachen, so gut es geht, schonen sollte, denn ihr Fehlen verändert die Schwarzwildstruktur und es kommt zu Schwankungen im Sozialbereich dieser Spezies.
Bei pauschalierten Treibjagden, ohne Einschränkung der Bachen, wird rücksichtslos auf jede Sau, die den Schützen vor die Büchse läuft, geballert. Schaden sich da nicht diverse Forstverwaltungen auf lange Sicht selber?
Sowohl in freier Wildbahn als auch bei der Bejagung im Jagdgatter musste ich feststellen, dass Schwarzwild immer schlauer wird, je größer der Jagddruck ist. Interessant ist auch, dass bei den Treibjagden fast ausschließlich jüngere Bachen und Keiler erlegt werden, die älteren Stücke kennen oft schon den Ablauf solcher Jagden und kommen aufgrund ihrer Lebenserfahrung und Schlauheit kaum zur Strecke. In einem Jagdgatter habe ich versuchsweise zwei Monate vor Jagdbeginn ältere Bachen und Keiler gefangen und markiert und wieder ins Gatter zurückgelassen. In der Zeit während der Jagdausübung (fast über 3 Monate) waren die markierten Stücke auch an den Fütterungen kaum zu sehen.

Im Wildbret mächtiger reifer Keiler

Erst gut einen Monat nachdem wieder Ruhe eingekehrt war, kamen auch sie wieder zu den Fütterungen. Wohin sich die älteren Sauen während der Zeit von großangelegten Treibjagden mit 40 Treibern und bis zu 40 Jagdhunden verdrückt hatten, konnte ich nie in Erfahrung bringen. Das Schwarzwild wird immer heimlicher und vorsichtiger. Weniger Probleme hatten da die Jägergenerationen vor uns. Sie konnten sich in das Verhalten des Schwarzwildes besser hineindenken. Ist der menschliche Instinkt nicht mehr so ausgeprägt wie noch vor etwa 100 Jahren? Eines ist klar: der Verstand ist ausgereifter. Man braucht sich nur die Entwicklung des Fortschrittes der letzten 20 Jahre vor Augen führen: Mit modernster Waffentechnik, künstlichen Lichtquellen, Nachtsichtgeräten usw. wird auf Schwarzwild gejagt, ob erlaubt oder nicht erlaubt, steht hier nicht zur Debatte. Dass die Geschosse mit modernster Optik heute weiter fliegen als früher, brachte die Zeit mit sich.

Auch die Fluchtstrecken haben sich dadurch geändert. Erhöht man den Jagddruck, verwendet man künstliche Lichtquellen bzw. Nachtsichtgeräte,

Junger Keiler, vorsichtig und schlau wie ein alter

trägt man sehr viel dazu bei, dass Schwarzwild noch heimlicher wird und sich unaufhaltsam noch mehr vermehren kann. Man sollte daher die Intelligenz des Schwarzwildes nicht unterschätzen – die Bestände und die Abschusszahlen zeigen es uns. Hat ein Stück Schwarzwild schon in jungen Jahren negative Erfahrung mit dem Menschen gemacht, wird es vorsichtiger und bleibt es ein ganzes Schwarzwildleben lang. Immer wieder habe ich bei Kirrungen und auch bei Schneisen, die eigens angelegt wurden, festgestellt, wie vorsichtig sich Schwarzwild diesen nähert. Ich bin der Meinung, dass Schwarzwild sehr wohl deuten kann, woher es beschossen wird. Sie werden sicherlich schon beobachtet haben, wenn sich ein älteres Stück Schwarzwild vorsichtig aus einer Dickung schiebt und sofort zum nächstgelegenen Hochstand bzw. zur Kanzel äugt, um sich zu vergewissern, ob jemand oben sitzt.
Wie schon gesagt, die Intelligenz unseres Schwarzwildes sollte man nicht und nie unterschätzen.

Verhoffender Keiler

Sinnesorgane

Wie schon mehrfach festgehalten, kann man davon ausgehen, dass Schwarzwild die anpassungsfähigste und intelligenteste Wildart ist.

Geruchssinn

Beim Schwarzwild ist der Geruchssinn besonders gut ausgeprägt. Bei der Bejagung muss man den Windverhältnissen ein besonderes Augenmerk schenken, um Erfolg zu haben. Schwarzwild ist in der Lage, Menschen über größere Entfernungen – unter günstigen Windverhältnissen – mit seinem ausgeprägten Geruchssinn wahrzunehmen. Aufgrund ihres Geruchssinnes werden Wild- und Hausschweine auch zur Trüffelsuche erfolgreich eingesetzt.

Unter geschlossenen Schneedecken ist es ihnen möglich, Nahrung zu orten und an diese, aufgrund ihrer Beschaffenheit, auch heranzukommen.

Bei der Nahrungsaufnahme im Boden treten Geruchs- und Tastsinn in Aktion. Der Tastsinn befindet sich in der Wurfscheibe in der Nähe der Nasenöffnungen.

Gehörsinn

Gut entwickelt ist auch der Gehörsinn. Dies kommt einem bei der Lockjagd zugute. Ist Schwarzwild in einer Rotte vereint und verursacht, wenn es aktiv ist, Geräusche, so kann es fremde Geräusche kaum wahrnehmen und zuordnen. Bei ruhenden Sauen ist dies natürlich anders.

Mit ihren Schalltrichtern (Tellern) können sie ein Geräusch gut zuordnen.

Auch bei Sauen, die einzeln unterwegs sind, ist Vorsicht geboten. Wenn man Schwarzwild im Bestand hört, kann man es mit vertrauten Grunzlauten zum Zustehen bewegen. Festgestellt habe ich auch, dass sich Schwarzwild auf verschiedene Geräuschquellen (ein vertrautes Grunzen, unvorsichtig beim Pirschen usw.) meistens spitz zuwendet.

Sehvermögen

Unterentwickelt ist jedoch das Sehvermögen des Schwarzwildes. Beim Anpirschen bei gutem Wind kommt einem dies entgegen. Schwarzwild kann nur Bewegungen, die schnell vollzogen werden, wahrnehmen.

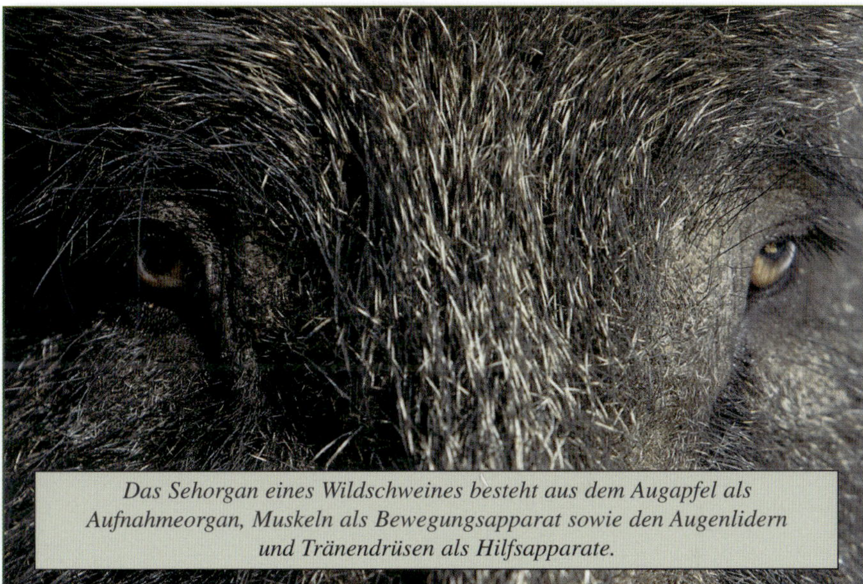

Das Sehorgan eines Wildschweines besteht aus dem Augapfel als Aufnahmeorgan, Muskeln als Bewegungsapparat sowie den Augenlidern und Tränendrüsen als Hilfsapparate.

Bewegt man sich in Zeitlupe, hat guten Wind und verursacht beim Angehen – außer dem vertrauten Grunzen mit einem Locker – kaum Lärm, so kommt man sehr nahe an diese Wildart heran. Schon des Öfteren habe ich mich Schwarzwild mit dem Wohlbefindlichkeitslaut bzw. mit dem vertrauten Grunzen erfolgreich bis auf etwa zwanzig Schritte genähert.

Schäumender Keiler

Lautäußerungen

Schwarzwild hat viele arteigene Laute. Wildschweine haben ihr ganzes Leben lang ihre gleichen Prägungslaute. Man kann diese unterteilen in Warn- und Alarmlaute, Lock- und Werbelaute sowie Wohlbefindlichkeitslaute.

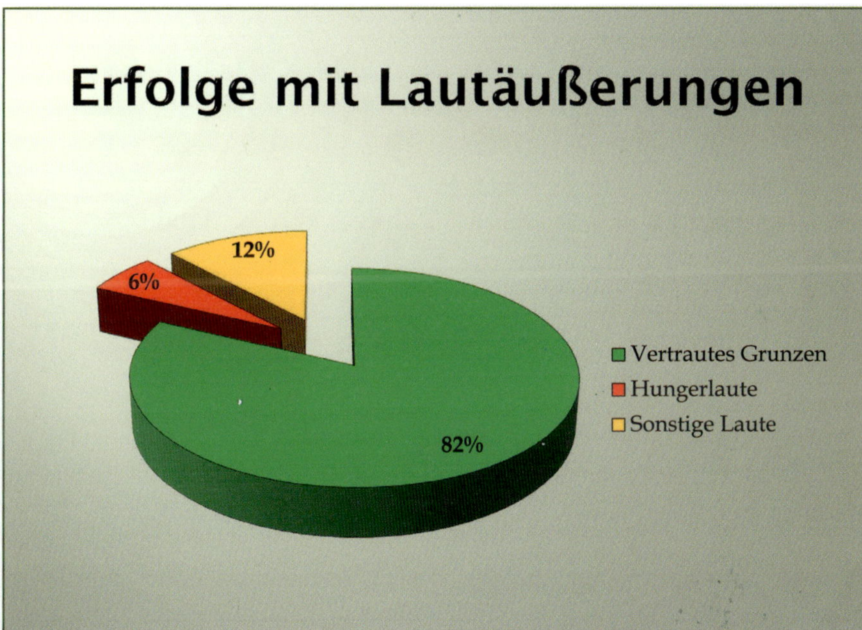

Da es zu viele unterschiedliche Laute (jahreszeitabhängig) gibt, empfehle ich die Verwendung von vertrauten Grunz- bzw. Kontaktlauten. Diese sind leicht zu erlernen, und man kann sie auch das ganze Jahr über mit Erfolg einsetzen. Frischlinge, die den Anschluss zur Rotte oder gar die Mutter, aus welchen Umständen auch immer, verloren haben, kann man gut und leicht zum Zustehen bewegen. Von Experimenten mit anderen Lautäußerungen wie Erregungs- und Paarungslaute, Eindringlichkeitslaut sowie Futterneid

Hungerlaute

Schreien, Kreischen und Quieken hört man bei Frischlingen, wenn sie Hunger haben.
Die Bache ist in Seitenlage, während die Frischlinge ihren Hunger stillen und dabei erwähnte Geräusche von sich geben. Man kann diese Lautäußerungen auch als Kontaktlaute vom Frischling zur Bache sehen. Dabei grunzt die Mutterbache, und die Frischlinge kreischen und quieken.

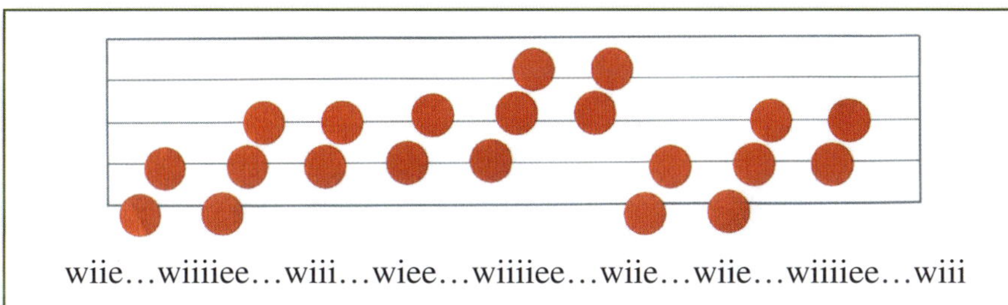

Kontakt- und Hunger- sowie Angstlaute sind im Tonhöhenverlauf stark variabel, mit einer teilweise sehr hohen Intensität.

Hungerlaute von Frischlingen wirken auch ansteckend auf alle anderen im Verband lebenden Frischlinge. In den ersten Lebenstagen der Frischlinge bestimmt noch die Bache die Saugezeiten, danach ist es umgekehrt.

Angst-, Schmerz- und Klagelaute

Ein hohes Quieken und Schreien sind die Angst-, Schmerz- und Klagelaute. Bei Bedrängnis und Schmerzen hört man anhaltendes Klagen. Auch bei Berührung unterschiedlicher Sauen (Überläufer gegen Frischling) hört man diese Laute. Bei schlechten Schüssen ist immer wieder das Aufschreien und Klagen zu hören. Verliert ein Frischling den Anschluss an eine Rotte, dann quiekt er suchend so lange umher, bis er wieder den Anschluss gefunden hat.

Schnaufen oder Blasen

Wenn Schwarzwild beunruhigt wird, hört man den Alarm- bzw. Warnlaut. Beim Ausstoß dieser Laute bleibt das Schwarzwild anfangs oft wie erstarrt stehen, gibt ein kurzes, kräftiges „Wuufff“ von sich und flüchtet erst danach.

Bei Fremdwahrnehmung hört man mit einer hohen Intensität ein kurzes, kräftiges „Wuuufff“.

Kampf- und Abwehrlaute

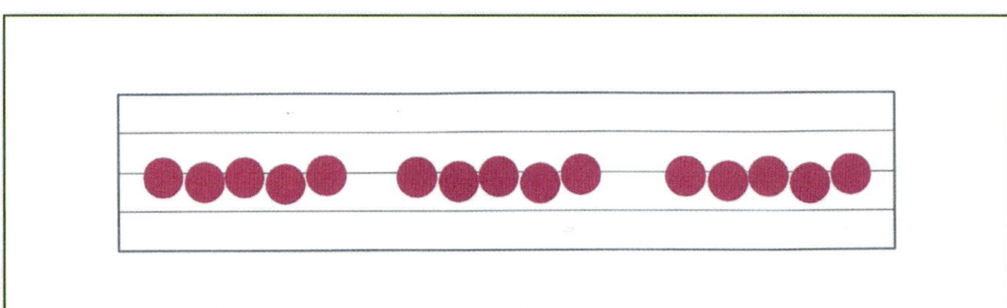

Keiler schlagen mit dem Kiefer und Gewaff aufeinander, wenn sie wütend sind.

Auffallend stark wird der Unterkiefer beim Wetzen nach links und rechts bewegt. Dauert dieser Vorgang länger, schäumt der Keiler und Speichelschaum wird deutlich sichtbar. Steigt die Erregung, wechselt das

Auseinandersetzung zwischen zwei Keilern

Wetzen zum unüberhörbaren Kieferschlagen über. Bei Nachsuchen ist das Kieferklappen zu hören, wenn man einem angeschweißten Keiler zu nahe kommt. Hier ist Vorsicht geboten, denn in dieser Situation greift ein Keiler in den meisten Fällen den Jäger oft blitzartig an.

Verschiedene Lockinstrumente

Lockinstrumente

Im Handel werden verschiedene Lockinstrumente für Schwarzwild angeboten. Die am Markt erhältlichen habe ich erstanden und getestet. Die Erfolge, die ich damit erzielen konnte, waren unterschiedlich. Man kann in einen Saulocker nicht so hineinblasen wie in einen Rehfiep oder Hirschruf. Erfolg hat man nur, wenn man Laute, die Schwarzwild von sich gibt, zuordnen kann. Ich empfehle jedem, sich die verschiedenen Stimmen in einem Schwarzwildgatter anzueignen. Vor allem bei Futterplätzen oder in deren Nähe kann man sehr gut üben. Man sieht dabei auch, wie Schwarzwild auf verschiedene Lautäußerungen, die man mit einem Saulocker wiedergibt, reagiert.
In freier Wildbahn würde ich – ohne vorher in einem Gatter einiges ausprobiert zu haben –, keine Experimente machen. Eines kann man auch in freier Wildbahn immer: das vertraute Grunzen nachstellen. Wenn Schwarzwild grunzt, hat es den Wurf meistens in Bodennähe. Und dieses

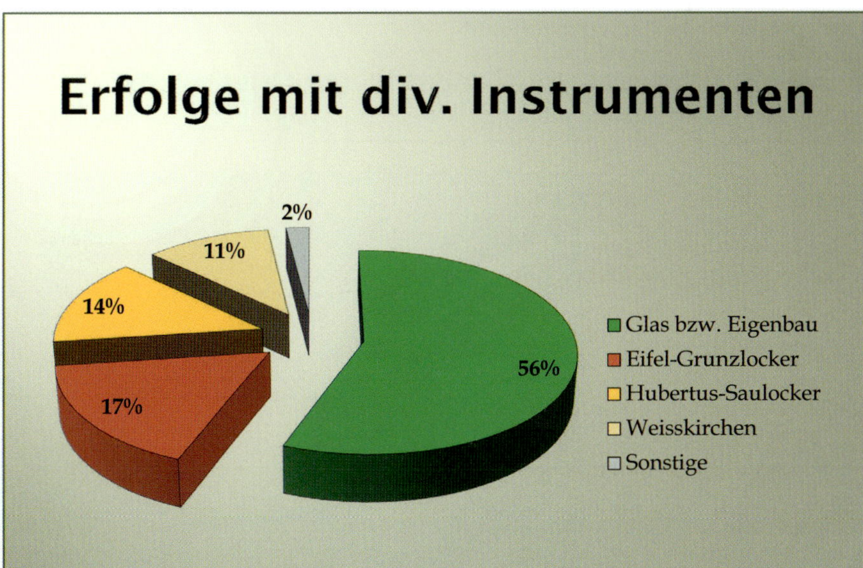

Grunzen kann man mit etwas Übung gut imitieren. Es ähnelt einem Schnarchen. Bedenken sollte man, dass unser Schwarzwild ein ausgeprägtes Gedächtnis besitzt. Von einem leichtsinnig übermütigen Einsatz rate ich aber ab. Denn weniger ist oft mehr. Manchen Lockruf bzw. manches Grunzen bei ruhigem Wetter, abhängig natürlich auch vom Gebiet, kann Schwarzwild bis zu 300 m Entfernung wahrnehmen. In Gebieten mit dementsprechender Einsicht habe ich bei meinen Experimenten festgestellt, dass verhoffendes Schwarzwild ein vertrautes Grunzen auf 200 m wahrnehmen kann.

Ich habe die nachstehenden Instrumente auch einer persönlichen Bewertung unterzogen:

Ein Stern	*	**= genügend**
Zwei Sterne	* *	**= befriedigend**
Drei Sterne	* * *	**= gut**
Vier Sterne	* * * *	**= sehr gut**
Fünf Sterne	* * * * *	**= hervorragend**

Hubertus- und Weisskirchen-Saulocker

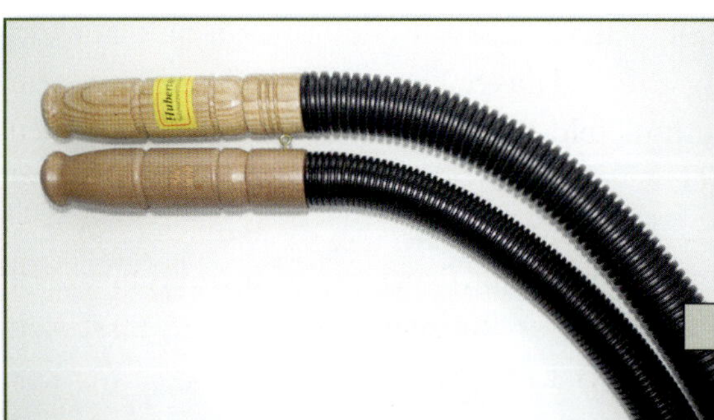

* * * *

Diese Locker sehen zum Verwechseln „ähnlich“ aus und bestehen aus einem ca. 13 cm langen, gedrechselten Holzstück mit einem Inneninstrument.

Am Ende des Holzstückes befindet sich ein biegsamer Schlauch von ca. 35 cm. Beim Hineinblasen in das Holzmundstück deckt man das offene Schlauchende ein wenig mit der flachen Hand ab und bewegt den Schlauch dabei minimal. Das beruhigende vertraute Grunzen, das dabei entsteht, entspricht einem Wildschwein beim Brechen. Natürlich kann dieses Instrument noch mehr. Man kann auch die hohen Quietschtöne der Frischlinge nachahmen, wenn sie hungrig sind. Wenn man diese Töne nicht sehr gut beherrscht, würde ich abraten, sie einzusetzen. Man kann auch Angst-, Schmerz- und Klagelaute damit erzeugen. Wer auch nur einige Lautäußerungen des Schwarzwildes nachahmen kann, ist bereits jedem anderen Schwarzwildjäger voraus. Ich werde Ihnen die Handhabung dieses Lockers beschreiben. Die linke Handfläche legt man geöffnet an das Schlauchende. Während des leichten und kurzen Hineinblasens – ... roch...rooch...roch... –, winkelt man die Handfläche nach innen leicht ab, sodass der Ton etwas gedämpft klingt. Dieser Ton imitiert das abgedämpfte Grunzen, da eine Sau beim Grunzen meist den Wurf am Boden hat.
Praktisch ist es möglich, dass jede Altersklasse auf diese Lockrufe reagiert. Bei einer intakten Rotte mit Leitbachen, Beibachen, Überläufern und Frischlingen kann es allerdings vorkommen, dass diese Rufe ignoriert werden. Man kann diese Schwarzwildlocker allerdings das ganze Jahr über einsetzen. Hauptziel sollte sein, dass führungslose Frischlinge und Überläufer angelockt werden und dabei zur Strecke kommen. Wenn man zu kräftig in den Locker bläst, überschlägt sich die Stimme, man bewirkt damit einen sogenannten Angstruf und das Schwarzwild flüchtet. Aus einem in der Milch stehenden Getreidefeld könnte man die dort vorhandenen Sauen mit dem vertrauten Grunzen herauslocken oder sie aber auch mit dem Angstruf vertreiben. Der Angstruf wirkt besser als einige Warn- bzw. Abschreckschüsse. Einen speziellen „Brunstruf" für die Rauschzeit gibt es nicht. Wird der Lockruf in der Rauschzeit eingesetzt, lässt sich der Keiler, von der Neugierde getrieben, ebenfalls heranlocken. Denken Sie aber immer daran: wenn der Lockruf mit menschlicher Witterung in Verbindung gebracht wird, kann der Erfolg ausbleiben. Beim Kauf dieser Schwarzwild-Locker bekommen Sie auch eine DVD mitgeliefert, die bei der Umsetzung der verschiedenen Rufe sehr hilfreich ist.

Faulhaber-Schwarzwildlocker

* *

Im Endeffekt handelt es sich bei diesem Instrument um einen „Kitz-Fiep". Im Aussehen ist er schwarz. Der normale Kitz-Fiep von Faulhaber ist jedoch grün. In der Rehbrunft sind mir mit dem Kitz-Fiep einige Bachen und Überläufer immer wieder unter Tag zugestanden. So hatte ich von Juni bis September meine Erfolge. In den Wintermonaten probierte ich ihn immer wieder einige Male, konnte aber keinen Erfolg damit verzeichnen. Mit diesem Ruf kann man ein Kitz in Not nachstellen: Fiiee…Fiiiee… Fiiee…Fiiiee…Fiiee.

Eifel-Grunzlocker

* * * *

Dieser Locker wird vielen bekannt sein, denn es handelt sich dabei um den legendären Eifel-Hirschruf, den man auch anderweitig nutzen kann. Mit diesem Locker kann man das vertraute Grunzen einer Sau sehr gut nachstellen, deshalb bekam er von mir für den Schwarzwildeinsatz den Namen „Eifel-Grunzlocker“. Man nimmt den Einblasbereich in den Mund und erzeugt Schnarchgeräusche. Während dieses Vorgangs schiebt man den vorderen Teil wie bei einer Posaune nach vor und zurück. Die Ausgangsöffnung hält man mit der Handfläche teilweise zu. Das Ergebnis ist vom Feinsten. Über 60 % habe ich mit dieser Methode zum Zustehen bewegen können. Ob Bache, Keiler, Überläufer oder Frischling, mit dem vertrauten Grunzen konnte ich viele Wildschweine zur Strecke bringen. Ich habe mit dieser Methode bei gutem Wind kaum weiter als 50 m schießen müssen. Vielen meiner Jagdkollegen habe ich das vertraute Grunzen schon beigebracht, und fast alle hatten damit Erfolg. Es ist am einfachsten zum Nachmachen und man hat damit die größten Erfolgschancen.

Schwarzwild-Lockgerät von Cass Creek

* * *

Auch für versierte Jäger ist dieses Hightech-Gerät fürs Training zu empfehlen, wenn man keine anderen Möglichkeiten zum Üben hat. Es ist einfach zu bedienen und weist gute Lockeigenschaften auf. Laut Hersteller gibt es fünf individuell abrufbare Laute.

1. Taste: Aufgeregtes Grunzen und Schreien, wie Schwarzwild, wenn es eifrig um das Fressen am Kirrplatz streitet.

2. Taste: Geräusche von fressenden und zufriedenen Sauen. Beim Einsatz dieser Taste bei einem Futterplatz kann man andere Sauen neugierig machen und sie gut locken.

3. Taste: Gemeinsames vertrautes Grunzen
4. Taste: Kämpfende Keiler
5. Taste: Vertraute Geräusche von einer grunzenden Bache und fressenden Frischlingen. Diese Geräusche geben ein Zeichen der Sicherheit und locken andere Sauen an.

Dieses Lockgerät ist robust und Wasser abweisend. Zusätzlich erhält man zu diesem Gerät aus den USA auch noch Lautsprecher. Obwohl ich mich mit Lockgeräten dieser Art nicht gerade anfreunden kann, habe ich den Cass Creek getestet. Mit den Tasten 2, 3 und 5 hatte ich einige Male Erfolg. Bei den anderen Möglichkeiten könnte man diskutieren, inwieweit sie wirklich brauchbar sind.

AKAH-Schwarzwildlocker

* * *

Dieser robuste handliche kleine Locker aus Kunststoff besteht aus einem Instrumententeil (Mundstück) von 11 cm und einem biegsamen Schlauch von 15 cm. Schwarzwild hat untereinander eine starke soziale Bindung und wird von Lauten anderer Artgenossen angezogen. Der Locker funktioniert durch gefühlvolles wechselseitiges Einblasen und Anziehen der Luft am Mundstück. Dabei entsteht der schwarzwildtypische Grunzlaut, den man von vertrauten, suchenden und führenden Sauen kennt. Mit dieser wechselseitigen Funktion gibt es nur den Locker von AKAH.

PRIMOS-Schwarzwildlocker

* * *

Er ist einer der kleinsten Saulocker „made“ in USA. Das Mundstück mit 8 cm ist transparent und man sieht das Instrumenteninnenleben. Der Schlauch hat eine Länge von nur 14 cm und ist sehr biegsam. Bei meinen Tests habe ich mit diesem Locker keine naturgetreuen Grunzer zustande gebracht und dadurch auch keine Sau zum Zustehen bewegen können.

Schwarzwildlocker aus Frankreich

* *

Dieses Instrument besteht aus zwei Holzteilen, dem Einblasstück mit 9 cm und einem geraden, aufgesetzten Holzrohrstück mit ca. 16 cm und einem Durchmesser von ca. 3 cm. Dieser Locker funktioniert durch das Hineinblasen. Bedient man ihn gefühlvoll, erzielt man fast das naturgetreue Grunzen.

Eigenbau-Schwarzwildlocker

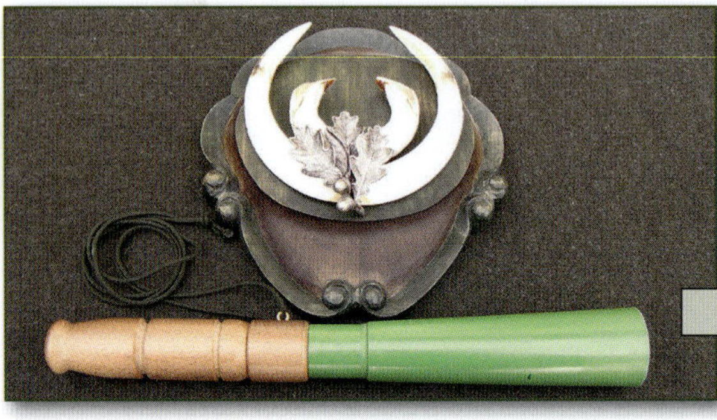

* * * *

Sämtliche Schwarzwild-Lockinstrumente, die im Handel erhältlich sind, habe ich gekauft, studiert und versucht, auf meine Bedürfnisse teilweise so umzubauen, dass ich Erfolg habe. Dieser Schwarzwildlocker besteht aus dem Mundstück von ca. 13 cm und einem aufgesetzten Kunststofftrichter mit einer Länge von 17 cm. Im Übergangsbereich vom Mundstück zum Kunststoff habe ich einen Durchmesser von 3 cm und am Ende des Trichters einen Durchmesser von 4 cm. Durch Hineinblasen erhält man ein hervorragendes naturgetreues Grunzgeräusch einer Sau.

Grunz-Grunz-Glaslocker

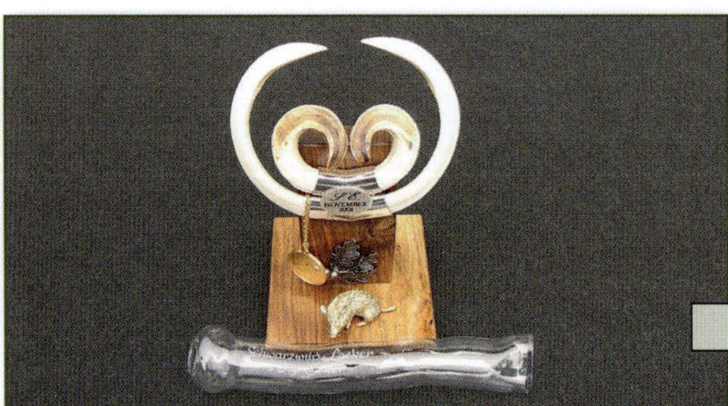

* * * * *

Für Experimente war und bin ich immer zu haben. Ständig versuche ich, für meinen Eigengebrauch neue Locker zu entwerfen. Mit diesem Unikat-

Locker aus Glas, den mir eine Glaskunstbläserin nach meinen Vorstellungen und Skizzen gefertigt hat, habe ich schon viele Erfolge verzeichnen können. Viele alte Keiler, Bachen, Überläufer und Frischlinge habe ich mit diesem Instrument mit Erfolg locken können.
Die Resonanz beim Hineinschnarchen ist so naturgetreu, dass kaum eine Sau dem vertrauten Grunzen widerstehen kann. Bei Treibjagden verwende ich diesen Ruf mit Erfolg. Viele Sauen habe ich mit dem Glaslocker auf kurze Entfernung schon zur Strecke gebracht. Der Nachteil bei einem Glasinstrument ist jedoch die Zerbrechlichkeit.

Schlauchlocker

* * *

Man kann auch mit einem ganz normalen im Handel erhältlichen Elektroinstallationsschlauch von 2–4 cm im Durchmesser und einer Länge von 25–40 cm mit etwas Übung das Grunzen von Wildschweinen gut nachstellen. Auf der einen Seite des Schlauches schnarcht man hinein, auf der anderen Seite regelt man durch teilweises Schließen der Öffnung mit der Handfläche bzw. Biegen des Schlauches die Töne.

Nordic Boar

* *

Dieser Kunststofflocker besteht aus einem Mundstück und einem biegsamen Schlauch. Bei den Tests hatte ich keine Erfolge mit zustehenden Sauen.

Verhoffender zustehender Frischling

Lockzeiten

Die Lockinstrumente kann man den ganzen Tag über, aber auch in der Nacht bei Mond einsetzen. Tagsüber setze ich sie hauptsächlich bei Bewegungsjagden ein. Viele werden sich jetzt fragen: „Bei Treibjagden, wie geht das!" Es ist ganz einfach. Am liebsten ist mir ein Bruststand oder ein Stand am Rückwechsel. Ersterer ist natürlich besser. Bei engen Schneisen mit starkem Unterwuchs, nachdem ich den Stand bezogen habe und die Treiber noch in weiter Ferne sind, beginne ich mit dem vertrauten Grunzen. Nähern sich die Treiber, wissen die Sauen – hervorgerufen durch mein vertrautes Grunzen – sehr wohl, in welche Richtung sie sich verziehen müssen. Denn von dort, wo das vertraute Grunzen herkommt, muss die Luft ja wohl rein sein ...!

Man muss sich in diese schlaue Wildart hineindenken, um Erfolg zu haben. Wenn man das Schwarzwild im Buchenunterwuchs durch Abstreifen der eingetrockneten Blätter von den Ästen herannahen hört, sollte man in dieser Zeit nicht grunzen. Erst dann wieder, wenn sie stehen bleiben, sichern und verhoffen. Dies ist dann immer ein guter Zeitpunkt, um wieder ein paar vertraute Grunzer abzusetzen. Die im Bestand sichernden Sauen orientieren sich nach dem vertrauten Grunzen. Einzelne abgesprengte Frischlinge oder Überläufer stehen oft schnell zu. Sie schieben sich aus dem Bestand Richtung Schneise, oft auch, ohne vorher zu sichern. Bachen hingegen – mit Frischlingen oder ohne – schieben sich vorsichtig Richtung Schneise. Immer wieder stelle ich dies fest. Fast in Zeitlupe schiebt sich das ältere erfahrene Stück bis zu den Vorderhämmern aus der Buchenmast und sichert die Schneise nach oben und unten. Dies kann oft einige Sekunden dauern. Wenn der Wind gut ist und man sich nicht bewegt, zieht die Bache mit ihrem Anhang vertraut über die Schneise. Nimmt sie den Lockjäger durch Drehen des Windes oder durch eine unachtsame Bewegung wahr, geht die Bache bzw. Rotte meistens zurück und versucht, auf einem anderen Weg zu entkommen. Hat sie diese Möglichkeit nicht, geht sie oft nur kurz zurück, um Anlauf zu nehmen, und prescht dann mit Volldampf über

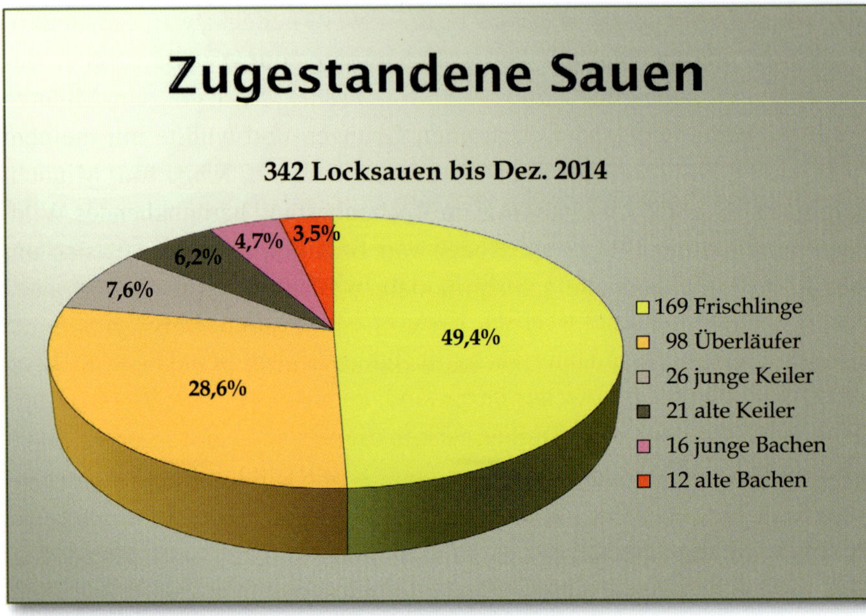

Die Statistik zeigt, dass mir mit dem Locken schon einige Dutzend Sauen zugestanden sind, wobei der Jugendanteil (Frischlinge, Überläufer) mit 78 % beachtlich hoch ist.

die Schneise. Bewegungsjagden sind für mich dazu da, um noch mehr Erfahrungswerte über das Verhalten dieser schlauen Wildart zu bekommen. Pro Jahr hatte und habe ich zwischen zehn und zwanzig Treibjagdtage. Über die Jahre kommt da schon einiges an Erfahrungswerten zusammen. Bei einem Vormittagstreiben Ende November bekam ich mit meinem belgischen Jagdfreund Georg eine ca. sechs Meter breite Schneise zugeteilt. Vom zuständigen Berufsjäger wurde ich als Erster zugeteilt und ca. 100 Meter weiter unten mein Freund Georg. Zwischen uns gab es eine Schussverbotszone. Diese war mit zwei Holzpflöcken in Signalfarbe ausgewiesen. In der Verlängerung der Verbotszone befanden sich auf gut 300 Meter zwei Bodensitze – einer in der Verlängerung von mir und einer in der Verlängerung von Georg. Jeder von uns hatte die Möglichkeit, bis zur Markierung zu schießen. Nachdem ich es mir auf meinem Stand gemütlich gemacht hatte – Waffe geladen, meine Nikon schussbereit hingelegt usw.

– habe ich die Gegend, die vom Raureif weiß bedeckt war, bewundert. Aufgrund meiner Position konnte ich einige hundert Meter über der Buchenmast – Richtung Altholzbestand – einsehen. Nach gut zehn Minuten begann ich mit dem ersten vertrauten Grunzen und wühlte mit meinem Bergstecken ein wenig am Boden liegendes Laub auf. Keine fünf Minuten vergingen, da hörte ich hinter mir im Buchenbestand herannahendes Wild. Am Rauschen der Blätter am Boden war für mich klar, dass es sich um eine Rotte Sauen handelte. Ich nahm meinen Glasruf, stellte ein vertrautes Grunzen nach und wühlte wieder ein wenig im Laub. Schon vernahm ich wieder nahendes Schwarzwild. Kurz darauf wurde es wieder still. Bei solchen Aktionen steigt bei jedem Schwarzwildjäger der Blutdruck, bei mir auch noch nach so vielen Jahren der Schwarzwildbejagung. Aufgrund der letzten wahrgenommenen Geräusche konnten die Wildschweine nicht mehr allzu weit entfernt sein. Ich schätzte die Entfernung zu mir auf ca. 20 bis 30 Meter ein. In solch einem Fall kann man das Grunzen kurz nachstellen, man muss jedoch auf die Intensität der Laute achten. Auf keinen Fall sollte das Grunzen zu laut sein. Ich gab also einige nicht zu laute Grunzer zum Besten und bewegte das Laub am Boden flüchtig.
Ich ahnte, dass das Schwarzwild die Schneise zwischen Georg und mir passieren würde. Diesmal nahm ich meine Nikon und nicht mein Gewehr zur Hand und richtete mein Objektiv konzentriert in die Schneise.
Plötzlich erschien das erste Stück Schwarzwild im Bestand, es war eine Bache, danach Überläufer unterschiedlicher Stärke.
Es war nur für kurze Zeit still – schon hörte ich wieder die Geräusche, die das Schwarzwild verursacht, als es rechts hinter mir nach unten zu meinem Jagdfreund Georg zog. Die Sauen passierten die Schneise genau in jenem Bereich, in dem das Beschießen verboten war. Georg konnte dem Treiben der listigen Sauen nur gelassen folgen. Ich hingegen hatte sehr wohl den Abzug betätigt, nämlich den meiner Kamera. Anhand der Bilder kann man sehen, dass die Wildschweine genau in der Verbotszone die Schneise querten. Obwohl ich das Schwarzwild mit meinem vertrauten Grunzen dazu bewegen konnte, in meine Richtung zu ziehen, hatte es mich beim Queren der Schneise überlistet. Nach dem Treiben erzählte ich beim Sammelplatz von meinem Erlebnis. Erst als ich die Bilder auf meiner Digitalkamera her-

Sie wissen anscheinend genau, wo sie über eine Schneise müssen.

zeigte, gab es so manchen Kommentar wie: die schlauen Schweine, diese intelligenten Waldbewohner usw.

Bei vielen Treibjagden habe ich mit dieser Methode Sauen erlegen können, ohne meine Jagdfreunde mit meiner Methode zu behelligen. Aber der Erfolg gab mir recht. Erst mit der Zeit bekam der eine oder andere Standnachbar mein Grunzen mit.

Bei Treibjagden in der Rauschzeit kam es öfters vor, dass mir mit meinem vertrauten Grunzen ein Keiler bis auf zehn Meter zustand. In Mondnächten, in der Nähe eines Futterplatzes, beginne ich nach einer Verweildauer auf dem Hochstand von ca. einer viertel bis halben Stunde mit dem vertrauten Grunzen. Wichtig dabei ist, dass der Stand nicht zu hoch ist, denn ein Grunzen am Himmel gibt es nicht. Das Lockinstrument sollte beim Betätigen immer Richtung Boden zeigen. Neben dem Grunzen kann man in Mondnächten auch hungrige Frischlinge imitieren. In der Hirschbrunft war ich mit dem zuständigen Berufsjäger auf einem Hochstand in der Nähe einer Suhle, um einen Brunfthirsch zu erlegen. Der Tag neigte sich dem Ende zu,

Beachtlich, wie genau sie die Schneise passierten.

Wir konnten dem Treiben nur zusehen.

Diese Sau wurde Opfer meines vertrauten Grunzens.

und oberhalb im Bestand meldete sich ein Hirsch mit tiefer Stimme. Ich gab ihm Antwort und es kam zwischen uns zu einer guten Kommunikation. Nur der Hirsch bewegte sich nicht aus dem Bestand, und zum Angehen war es schon zu dunkel. Wir blieben noch eine Zeitlang sitzen, um die Stimme des Hirsches zu genießen. Der Mond spiegelte sich in der Zwischenzeit schon in einigen Wasserpfützen in der Suhle, da kam mir die spontane Idee, mit dem Eifelruf ein vertrautes Grunzen nachzustellen. Es dauerte keine fünf Minuten, da vernahm ich bereits ein Rauschen im Laub. Es kam immer näher, bis ich einen Schwarzwildkörper vom Altholz in unsere Richtung ziehen sah. Im Fernglas konnte ich einen Keiler ausmachen, da ich seine Waffen im Mond immer wieder blitzen sah. Ich nahm meinen Bergstutzen im Kaliber 270 Win. zur Hand und schaltete meinen Leuchtpunkt ein. In der Zwischenzeit war der Keiler schon auf zwanzig Schritt herangewechselt und verhoffte plötzlich spitz zu mir. Ich hatte nur eine Möglichkeit für die Schussabgabe, nämlich auf die Stirn zu zielen. Ich ließ die Kugel fliegen und der Keiler mit über 120 kg brach im Feuer zusammen. Es wurde also kein

Brunfthirsch an diesem Abend, sondern ein starker Keiler. Das vertraute Grunzen kann man in Mondnächten die ganze Nacht über einsetzen. Natürlich hat man am Boden die größeren Chancen, indem man beim Grunzen zwischendurch das Laub aufwühlt. Dies ist jedoch nicht jedermanns Sache. Bei einigen meiner Gäste, die ich bei Mondlicht durch Pirschen – und mittels Locken – auf ein Stück Schwarzwild angeführt habe, spielten die Nerven nicht immer mit. Ein Gast sagte einmal, dass er schon den Mundgeruch der Sau verspürt hätte, und ich musste ihm versprechen, ihn nicht wieder in eine solche Situation zu bringen. Die Sauen kann man sehr wohl in der Dämmerung in der Früh als auch am Abend sehr gut locken und auch während Bewegungsjagden und in Mondnächten. In Letzteren sollte es nicht zu hell sein auf den Feldern. Im Wald spielt dies weniger eine Rolle, da die Bäume genug Schatten werfen.

Nicht immer hat man Glück auf so einen guten Keiler.

Meine Erfolge beim Locken in Prozente aufgeteilt: 47 % bei den Bewegungsjagden (Riegel- und Treibjagden), 28 % in Mondnächten, 13 % in der Abenddämmerung (Abendansitz), 10 % in der Morgendämmerung (Morgenansitz) und 2 % in der Nähe von Suhlen.

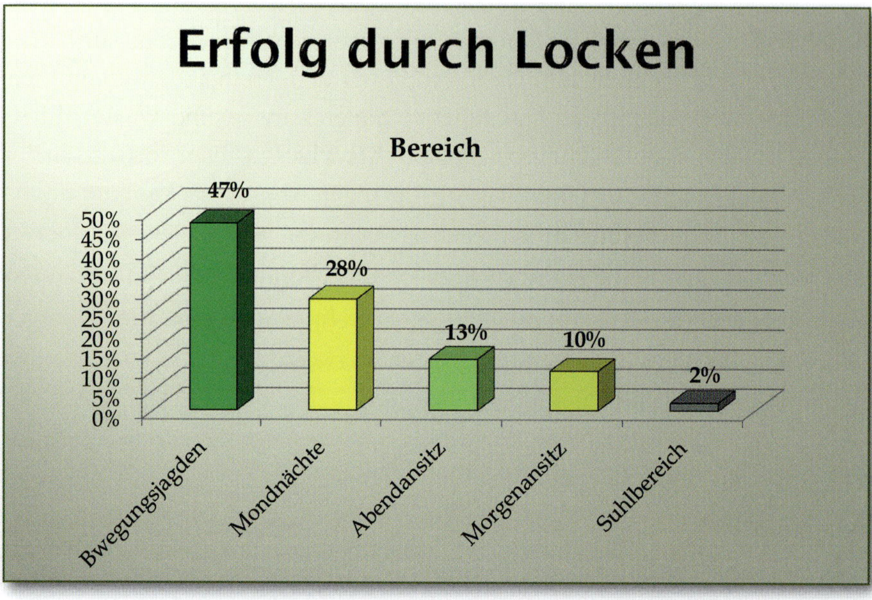

Starker Mondnacht-Lockkeiler

Malbäume und Suhlen

An heißen Tagen sucht Schwarzwild besonders gern größere Wasserpfützen auf, um sich abzukühlen. Um das Ungeziefer loszuwerden, suhlt das Schwarzwild das ganze Jahr über. Auch bei den Treibjagden konnte ich mehrmals beobachten, wie sich gehetzte Sauen kurz in eine Wasserpfütze legten, um sich abzukühlen, und danach ihre Flucht wieder fortsetzten.

Junger Keiler bearbeitet bzw. wetzt sich am Malbaum.

Bevorzugte Orte zum Suhlen sind morastige Stellen. An den Malbäumen in der Nähe einer Suhle reiben sich Sauen besonders gerne. Schon von Weitem sind diese oft zu erkennen durch den hellen Schlamm, der sich am Baumstamm festgesetzt hat. Immer wieder habe ich festgestellt, dass sich Sauen lieber an einem Nadelbaum reiben als an einem Laubbaum. Der Grund ist der, dass Nadelbäume harzen, was sie bevorzugen. In der Nähe einer Suhle habe ich auch tagsüber mit dem vertrauten Locken mein Glück versucht. Hin und wieder ist mir auch hier ein Stück Schwarzwild zugestanden.

Schöpfender Keiler

Abhilfe bei Schäden!

Hat man ein reines Waldrevier mit Schwarzwild als Standwild, ist man anderen Pächtern von Revieren mit Feldanteilen – was die Schäden betrifft – im Vorteil. Im Wald kommt es kaum zu Schäden, hin und wieder graben die Schwarzkittel jedoch junge Setzlinge aus. In den Revieren mit Grünland und diversen Getreidefeldern mit Waldanteilen und Dickungen herum sieht die Lage schon anders aus. Wird grün zu schwarz, hört sich der Spaß auf! Dass damit Probleme vor allem mit den Landwirten verbunden sind, ist vorprogrammiert. Wenn eine Rotte über Wiesen oder Getreidefelder herfällt, dann sind wir Jäger gefordert. Gerade im Frühjahr, wenn die erste Grünäsung zu sprießen beginnt, bietet auch der auftauende Boden dem Schwarzwild mit Würmern und Engerlingen ausreichend Eiweißnahrung. Dafür bricht es kräftig und tief den Boden auf.

Kein Landwirt hat eine Freude, wenn sein Boden von den Sauen aufgebrochen wird.

Aufgebrochen im Wald

Die Grundbesitzer sind jedoch wenig erfreut, wenn ihre Grünflächen aussehen, als hätte man sie bereits umgebaut. Gerade nach Regen, wenn der Boden etwas aufgeweicht ist, haben die Sauen leichtes Spiel. Einige nichtgesicherte Fußballfelder, Golfanlagen, Freizeitparks, Heimgärten usw. fielen den Allesfressern schon zum Opfer.

Energielieferanten für das Schwarzwild sind Mais, Eicheln, Bucheckern und in verschiedenen Gebieten auch Kastanien. Der Eiweißbedarf, den das Schwarzwild benötigt, muss mit tierischer Kost abgedeckt werden.

Haben das Getreide oder der Mais für die schlauen Sauen eine schützende Höhe erreicht, machen sie es sich meistens im Mittelbereich eines Feldes gemütlich. Man kann sagen „saugemütlich“, denn in diesem Bereich sind sie kaum ausfindig zu machen und schlagen sich über Wochen die Bäuche voll, ohne dass sie bemerkt werden. Sie sind so schlau, dass sie die Ränder eines Getreide- oder Maisfeldes unberührt lassen. Das Ein- und Auswechseln ist bei trockenem, anhaltend schönem Wetter kaum bis gar nicht feststellbar. Durch die Grundzusammenlegungen der letzten zwei Jahrzehnte wurden auch die Anbauflächen verschiedener Getreide- und Maisfelder immer größer, was einen Vorteil für das Schwarzwild darstellt. Zum Beispiel bei einem Maisfeld mit über 100 ha, wie soll man da das sich darin befindliche Schwarzwild effizient bejagen? Dies ist so gut wie unmöglich. Versucht man diese Flächen von einer Richtung aus zu durchtreiben, hat man vielleicht Glück, die eine oder andere Sau zu erlegen. Meistens versteckt sich das Schwarzwild so gut darin, dass ein Austreiben in den meisten Fällen nicht möglich ist. Ich habe, nachdem ich Schwarzwild in einem Feld vernommen hatte, in Windrichtung das Feld durchgetrieben. Steckten dann noch immer Sauen darin, teilte ich die Anzahl der Treiber und das Treiben folgte zur gleichen Zeit von Ost zur Mitte und von West zur Mitte. Mit dieser Methode konnten sich die Sauen meistens nicht anfreunden und versuchten, sich aus dem Feld zu verdrücken. Auch bei diesem Vorgehen stellten sich die Sauen teilweise wieder ab. Es ist nicht immer leicht, Schwarzwild – abhängig natürlich vom Gebiet – zielführend zu bejagen, um landwirtschaftliche Schäden in Grenzen zu halten. Natürlich kann man um Felder aufwendig Elektrozäune aufstellen. Nicht einmal, sondern sehr oft habe ich gesehen, dass eine Sau auch von einem Elektrozaun nicht abgeschreckt werden konnte, um in ein Feld vorzudringen. Auch Knallapparate und Rundumscheinwerfer sind in ihrer Wirkung nur einige Nächte zielführend. Das Verstänkern von Schwarzwildwechseln oder der Einsatz von Chemie sind auch kein Allheilmittel. Egal welche Methode zum Einsatz kommt, keine ist auf lange Sicht wirkungsvoll. Mit dem Nachstellen eines vertrauten Grunzens mit dem Saulocker habe ich hin und wieder einzelne führungslose Frischlinge und Überläufer aus einem Feld locken können. Auf alle Fälle empfehle ich, bevor man den Maisacker oder sonstige Getreidefelder, in denen sich Sauen versteckt halten, durchtreibt, es in der Dämmerung mit dem vertrauten Grunzen zu versuchen. Hat man damit kein Glück, weil sich die Sauen darin sprichwörtlich die Bäuche mit Mais oder Getreide vollschlagen, sollte man es mit dem Warn- oder Angstlaut versuchen, um sie zur Flucht zu bewegen. Ich weiß, das klingt alles so einfach, nur man hat auch hier nicht immer Erfolg. Aber man sollte versuchen, die Sauen ohne großen Jagddruck zu vertreiben oder sie auf sanfte Weise mit dem Locken vor

Ablenkfütterungen im Wald haben ihre Vorteile.

die Büchse zu bekommen. Steigt der Jagddruck, werden auch die Sauen erfinderischer und die Wildschäden steigen. Ablenkfütterungen in der Nähe des Einstandsbereiches haben ihre Vorteile, wenn kontinuierlich gefüttert und nicht bejagt wird.

Es hat keinen Sinn, eine Ablenkfütterung zu installieren, wenn man in der Nähe eine Kanzel baut, aus der ständig das Schwarzwild beschossen wird. Man kann vielleicht kurzfristig einige Sauen erlegen, zielführend ist dies jedoch auf keinen Fall. Ablenkfütterungen sollen Ablenkfütterungen bleiben. Für die Bejagung eignen sich besser Kirrplätze einige hundert Meter vor einer Ablenkfütterung. Wenn man Sauen in nicht bejagbaren ausgewiesenen Gebieten füttert, werden auch die Schäden zurückgehen. Es ist mir schon bewusst, dass bei einer Gemeinschaftsjagd oder bei Gesellschaftsjagden mit mehreren Pächtern ein jeder versucht, wenn Schwarzwild im Revier auftaucht, ein Stück davon zur Strecke zu bringen. Viele kirren heimlich, um Erfolg zu haben. Nur dies ist nicht der richtige Weg! Schwarzwild wird in der Folge dort sesshaft, wo es vorher nur sporadisch war, und Schäden sind dadurch vorprogrammiert.

Ablenkfütterungen sollen nicht zur Bejagung dienen.

Meistens werden Ablenkfütterungen auch zum Bejagen verwendet. Was passiert: die eine oder andere Sau hat man zwar erlegt, die anderen, ich meine die überlebenden Zeitzeugen, treibt man jedoch über den Sommer in die kaum bejagbaren Felder. Bei einigen Versuchen in Jagdgattern mit einem vertretbaren Wildbestand und entsprechender Altersstruktur habe ich festgestellt, dass der Zuwachs durch erhöhten Jagddruck und Fehlen von Leitbachen steigt. Haben wir den Jagddruck auf zwei Jagden pro Jagd und Jahr reduziert, hat sich nach drei Jahren wieder alles einigermaßen normalisiert. Fehlen die Leit- bzw. Führungsbachen, ist die Struktur im Altersklassenaufbau nicht mehr intakt. Bachen und Überläuferbachen frischen oft zwei Mal im Jahr. In jenen Gebieten, in denen die Schwarzwildstruktur nicht mehr intakt war, habe ich auch vermehrt Wildschäden festgestellt. Wir brauchen uns nichts vorzumachen, denn steigt die Population des Schwarzwildes weiterhin, werden auch die Schäden steigen. Günstiger ist es, Flächen von Landwirten zu pachten und Wildäcker – vor allem für das Schwarzwild – anzulegen, als kostspielige Elektrozäune oder andere Abwehrmethoden zu installieren.

Reifer Keiler

Fährten geben Aufschluss!

Eine frische Fährte in einer bestimmten Größe kann schon Aufschluss über die Anwesenheit von Schalenwild im Revier geben. Das zu erkennen und die Zuordnung einer Fährte sollten zum Grundwissen eines jeden Schalenwildjägers gehören. Das Schwarzwild hinterlässt ohnedies aufgrund seiner Geäfter ein Trittsiegel im feuchten Boden, das unverwechselbar ist. Länge und Breite eines Trittes (Abdruck im Boden) geben Aufschluss über das mögliche Alter und das Gewicht. Keiler ziehen meist alleine umher, außer in der Rauschzeit, denn in dieser Zeit sind sie vermehrt in den Rotten anzutreffen. Hat man aber mehrere unterschiedliche Schwarzwildfährten, handelt es sich um eine Rotte. Hier ist eine Zuordnung einfach, denn die stärkste gehört der Bache oder dem Keiler (in der Rauschzeit) und die geringeren den Überläufern und Frischlingen. Bei den Überläufern sind die Vorderhämmer (Läufe) breiter im Vergleich zu den Hinterhämmern.

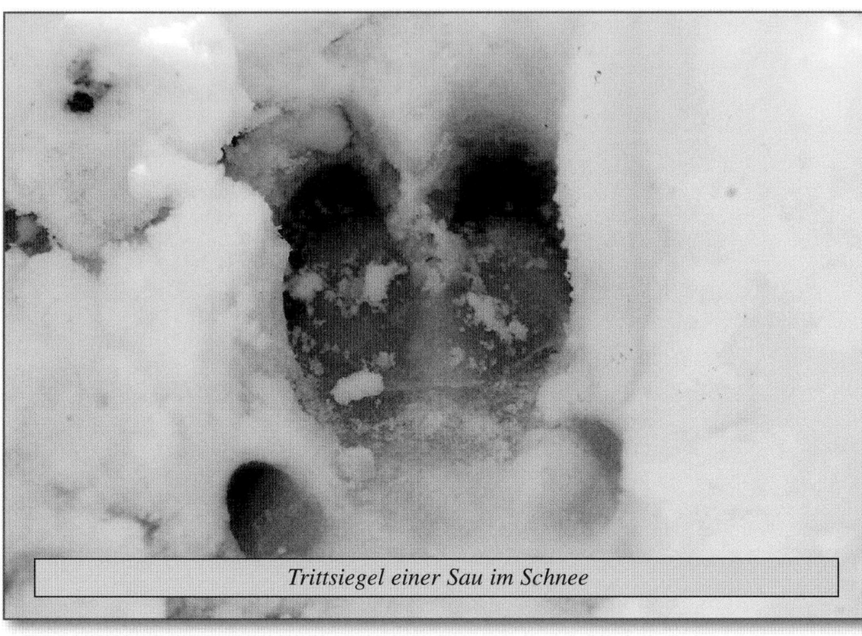

Trittsiegel einer Sau im Schnee

Dadurch erscheinen die Schalen der Hinterhämmer länger. Im Alter verliert sich die Ungleichheit der Schalen. Noch spitz und lang sind die Geäfter bei 2- bis 3-jährigen Keilern. Mit zunehmendem Alter werden die Schalen eines Keilers in den Spitzen zueinander gekrümmt.

Im Laufe der Jahre habe ich einige Dutzend Schalenlängen und Schalenbreiten vermessen. Ausschlaggebend ist das Gewicht jedes einzelnen Stückes. Mit diesen Maßen kann man schon eine Zuordnung eines Überläufers oder starken Keilers vornehmen.
Gekennzeichnet sind beim Hauptschwein die Vorderhämmer durch kräftige und überaus dicke Geäfter. Weiteres gibt es starke Abnützungserscheinungen der Schalenspitzen und der Ballen. Die starken Geäfter, die Rundungen der Schalen und die sichtbar ausgeprägten Schalenspitzen im Trittsiegel deuten auf einen starken Keiler (Hauptschwein) hin. Deutlich sichtbar ist das Zurückbleiben im Trittsiegel eines vertraut ziehenden Keilers.

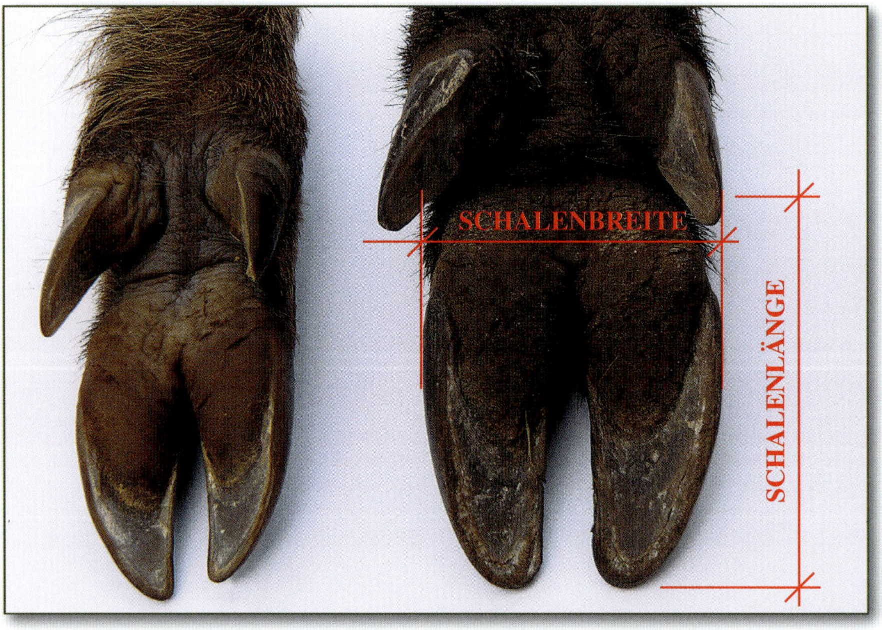

Unterschied zwischen Überläufer (links) und Keiler

SCHALENLÄNGEN UND SCHALENBREITEN

		Schalenlänge	Schalenbreite
Frischling	*Vorderhammer*	*3,0–5,5 cm*	*2,5–4,5 cm*
Überläufer	*Vorderhammer*	*5,5–6,5 cm*	*4,5–5,5 cm*
Hauender Keiler (ca. 3-jährig)	*Vorderhammer*	*6,5–7,5 cm*	*5,5–6,0 cm*
Grober Keiler	*Vorderhammer*	*7,5–9,0 cm*	*6,0–7,0 cm*
Hauptschwein	*Vorderhammer*	*9,0–11,0 cm*	*7,0–8,0 cm*
Bache	*Vorderhammer*	*7,5–8,5 cm*	*6,0–6,5 cm*

Die schwächeren Schalen der Hinterhämmer werden dabei etwas zurück in die wesentlich stärkeren Schalen der Vorderhämmer gesetzt. Bei einer Fluchtfährte sieht man im Trittsiegel den Abdruck der Schalen der Vorderhämmer nebeneinander und die der Hinterhämmer hintereinander. Gespreizt sind dabei die Schalen und die Geäfter, und die Schalenspitzen sind deutlich sichtbar eingedrückt.
Eine Schwarzwildfährte ähnelt der Fährte eines Rotwildes bei trockener Bodenbeschaffenheit. Nur die Schrittweite ist eine andere.
Sämtliche Schrittweiten sind immer abhängig von der Körperstärke und der Höhe der Vorder- und Hinterhämmer.
Anhand des Trittsiegels das Geschlecht beim Schwarzwild bestimmen zu können, ist so gut wie nicht möglich.

Fährte einer stärkeren vertraut ziehenden Sau

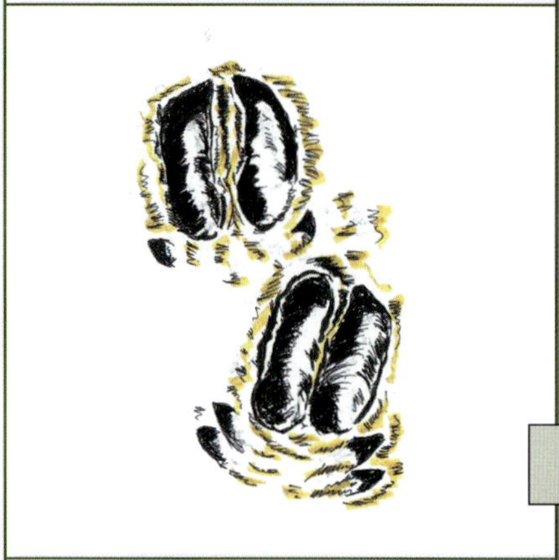

Stark ausgeprägter Abdruck einer groben Sau

Links: vertraut ziehend
Rechts: Fluchtfährte

SCHRITTWEITE DES SCHWARZWILDES

	Schrittweite	
Frischling	15–25 cm	
Überläufer	25–35 cm	je nach Körperstärke
Bache	35–45 cm	
Hauender Keiler	35–45 cm	
Grober Keiler	45–55 cm	
Hauptschwein	55–70 cm	

Keiler in dieser Stärke hinterlassen schon ein anständiges Trittsiegel.

Zustehende verhoffende Sauen

Territoriales Verhalten

Bei Fütterungen habe ich immer wieder festgestellt, dass Bachen mit Frischlingen fremd zuziehende Bachen, Überläufer, aber auch ganze Rotten vertreiben. Bei den Keilern konnte ich dieselbe Beobachtung machen. Keiler verfolgten fremde Keiler oft bis zu 100 Meter. Da ich ein Gegner davon bin, Schwarzwild an den Ablenkfütterungen zu erlegen, empfehle ich, es 200 bis 300 Meter vorher am Wechsel zur Fütterung zu bejagen. Dies hat den Vorteil, dass territoriales Schwarzwild, welches regelmäßig zu bestimmten Zeiten an der Fütterung auftaucht, vertraut die Futtervorlage aufnehmen kann. Beschießt man Schwarzwild an den Fütterungen, bleiben die beschossenen Rotten oft Tage der Fütterung fern. In der Zwischenzeit stellt sich eine andere Rotte ein, dieser wiederfährt jedoch dasselbe Schicksal, nämlich, dass sie am Futterplatz beschossen wird, so wird das Streifgebiet des Schwarzwildes immer größer und unkontrollierbarer.
Unterschiedliche Angaben findet man in der Literatur über die Größe der Streifgebiete. Wie groß diese sein können, hängt vom Nahrungsangebot – bezogen auf die Rottenstärke – ab. Auch der Jagddruck sowie unqualifizierte ständige Bejagung spielen dabei eine bedeutende Rolle, auch wenn es viele Schwarzwildjäger nicht hören wollen. Ganzjährig in Rotten leben Bachen, Überläufer und Frischlinge. Wird eine Rotte zu groß, kommt es zur Abspaltung. In einer Rotte dominiert die Bache, sie ist für den Schutz, die Einstandswahl und Ernährung verantwortlich. In kleineren Jagden ist Schwarzwild revierübergreifend unterwegs und es toleriert im Streifgebiet auch nicht zur Rotte gehörende Artgenossen. Behandelt man Schwarzwild dementsprechend, kann dieses standorttreu sein bzw. werden.

Rasant verläuft die Entwicklung der Frischlinge.

Rauschzeit und Zuwachsrate

Hier stellt sich gleich vorab die Frage: gibt es die geregelte Rauschzeit von Ende November bis Mitte Jänner überhaupt noch? Bedenklich ist der Anstieg von Schwarzwildbeständen in Europa. Viele Ursachen werden spontan von Jägern aufgezeigt, wenn man mit ihnen diskutiert. Bei meinen Vorträgen habe ich sehr oft Gelegenheit dazu. Von milden Wintern, großflächiger Agrarbewirtschaftung, Grundzusammenlegungen bis zu Mastjahren usw. gingen die Standardaussagen, die ja zum Teil auch richtig sind. Von Fehlern in der Bachenbejagung jedoch wollen die meisten nichts wissen. Gerade hier liegt meiner Meinung nach das Grundübel. Kaum ein Jäger gibt zu, eine Bache erlegt zu haben. Wer viel auf Schwarzwild jagt, dem wird es hin und wieder einmal passieren, dass er ungewollt eine Leitbache streckt. Deshalb kann man ihn nicht an den Pranger stellen. Aber es gibt genug schwarze Schafe, die das Schwarzwild gnadenlos verfolgen und ihm den Garaus machen möchten. Natürlich sollen auch Bachen erlegt werden, aber nicht die Leitbache einer Rotte. Fehlen Leitbachen, dann rauscht und frischt es das ganze Jahr über. Ist es zielführend, dass durch unkontrollierte Bejagung von Bachen vermehrt Wildschäden entstehen und die Schwarzwildpopulation weiterhin ansteigt? Führen Sie sich nachstehendes Beispiel vor Augen. Eine Bache im besten Alter frischt naturgemäß im März ihre 8 Frischlinge und hat aus dem Vorjahr noch 3 weibliche Überläufer.

INTAKTE ROTTE
1 Bache + 8 Frischlinge + 3 Überläufer = 12 Stück

Die Bache wird gegen Ende Mai bei Mondlicht am Futterplatz, den sie als Erste betritt, von einem ungeübten Jäger (?), der die Leitbache als Keiler (?) angesprochen hat, erlegt. Was sind die Folgen? Die Führungsposition übernehmen die Überläuferbachen, sie rauschen kurz darauf. Man kann davon ausgehen, dass sie im Juli bereits beschlagen sind. 18 Wochen später

frischen sie zwischen 4 bis 6 Frischlinge. Man geht von einem Schnitt von 5 Frischlingen aus.
Was passiert?

3 Überläufer (Mutterbachen) + 15 Frischlinge (Zuwachs) + 8 Frischlinge ergibt 26 Stück Schwarzwild

Und diese Entwicklung innerhalb von einigen Monaten aufgrund eines Fehlabschusses; gewollt oder ungewollt. Eines ist klar, es werden Jahr für Jahr einfach in vielen Revieren zu viele Leitbachen erlegt. Ich bin der Meinung, dass die Führungsfunktionen von Leitbachen und ihre Intelligenz einen wesentlichen Beitrag zum Positiven leisten können bei der Vermehrung und in weiterer Folge bei der Schadensverminderung. Stimmen die Prozentsätze der Zuwachsraten überhaupt noch? Ich glaube kaum. Es gibt jedoch noch Reviere, in denen das Schwarzwild nicht als „Ungeziefer“ angesehen wird und man gezielt Abschüsse tätigt und so den Altersklassenaufbau bewusst im Auge behält. In diesen Revieren werden die Bachen im Zeitraum zwischen Ende November bis Mitte Jänner rauschig. Bekannt ist, dass Frischlinge ab dem achten bis zehnten Lebensmonat geschlechtsreif sind. Keiler sind das ganze Jahr über paarungsbereit und zeugungsfähig. Keiler gesellen sich, kurz bevor eine Leitbache rauschig ist, zu den Rotten. Die Synchronrausche ist typisch für einen intakten Schwarzwildbestand. Die Leitbache löst die Rausche aus, und innerhalb kurzer Zeit folgen ihr die geschlechtsreifen Bachen aus derselben Rotte. Alte reife Leitbachen sind in der Lage, durch ihre Dominanz, bei den jüngeren Rottenmitgliedern die Rausche zu unterdrücken und dadurch wird auch die Zuwachsrate gesteuert. Maximal zwei Tage sind die Bachen nun bereit zum Beschlag. Mehrmals erfolgt während dieser Zeit der Beschlag, er dauert um die fünf Minuten. In der Regel kommen immer die ranghöchsten Keiler zum Einsatz. Während der Rauschzeit sind die Keiler unruhig und aufgeregt, umkreisen ständig die Rotte und markieren zwischendurch. Dabei setzen sie den Speichelschaum an Stämmen und Ästen ab.
In der Rauschzeit kann man die Keiler gut mit dem Paarungslaut, einer Art Grunzen, locken. Sie schlagen dabei mit dem Gewaff aufeinander, wenn

sie wütend sind. Dies kann man mit den eigenen Zähnen nachstellen. Bei dieser Methode ist jedoch Vorsicht geboten, da blitzartig ein Keiler zustehen kann! Einige meiner Jagdgäste, die ich mit dieser Methode des Lockens zum Erfolg brachte, waren zwar über das Ergebnis erfreut, nicht jedoch von der Methode. Einige angriffslustige kieferklappernde, speichelschäumende Keiler wurden nur zwischen fünf und zwanzig Metern Entfernung erlegt. Am liebsten ist es mir, wenn ich in der Rauschzeit alleine Keiler zum Zustehen bewegen kann. Das Risiko, dass man angegriffen wird, ist nicht zu unterschätzen.
Ich weiß, wie ich mich in so mancher brenzligen Situation verhalten muss, da ich doch schon einiges miterleben durfte.

Im Wildkörper war dieser Keiler nicht stark, sein Angriff auf mein Locken hin jedoch blitzschnell. Beachtlich waren die Waffen mit 28,2 und 26,1 cm.

Diesen starken angriffslustigen Keiler konnte mein Jagdgast im letzten Moment zur Strecke bringen. Waffenlänge: 23,9 und 24,7 cm.

Jagdmethoden

Neben den Lockjagd-Methoden gibt es noch den klassischen Nachtansitz bei Mond, den Morgen- und Abendansitz am Wechsel oder bei Kirrungen, Intervallbejagung, Pirsch und Bewegungsjagden.

Lockjagd

Für mich ist die Lockjagd auf das urige schlaue Schwarzwild immer ein Erlebnis und eine besondere Herausforderung. Bei jeder gelockten Sau, ob Keiler, Bache, Überläufer oder Frischling, habe ich etwas dazugelernt und werde auch weiterhin dazulernen. Eines ist klar: kein Meister ist bis jetzt vom Himmel gefallen, und das gilt für alle von uns. Die Methode, mit Lockern Schwarzwild zu locken, ist noch sehr jung. Noch vor zehn Jahren hat man kaum davon gehört, nun ist es aber in Mode gekommen. **Aber Vorsicht! Man kann auch mehr vertreiben als anlocken,** also das Gegenteil von dem erreichen, was man beabsichtigt, wenn man das Locken nicht beherrscht.
Ich habe schon vor über 20 Jahren meine ersten Experimente mit Eigenbau-Lockern gestartet. Der Erfolg war in den ersten Jahren nicht gerade berauschend, aber ich gab nicht auf. Wie gesagt, nur mit Übung wird man zum Meister. Ich würde jedem, der mit dem Locken auf Schwarzwild beginnt, raten, vorerst nur das vertraute Grunzen (unterschiedlicher Schnarchton) einzusetzen. Sie werden sehen, der Erfolg wird sich einstellen. Ich habe in diesem Buch unter dem Kapitel Lockinstrumente verschiedene Locker wie den Hubertus- oder Weisskirchen-Saulocker, Faulhaber-Schwarzwildlocker, Eifel-Grunzlocker, Schwarzwild-Lockgerät von Cass Creek, AKAW-Schwarzwild-locker, Schwarzwildlocker aus Frankreich, Eigenbau-Schwarzwildlocker, Grunz-Grunz-Glaslocker und Schlauchlocker beschrieben. Am idealsten für die ersten Versuche auf Schwarzwild ist aus meiner Sicht der Dinge der Eifel-Grunzlocker oder der

Weisskirchen-Saulocker. Ich verwende das vertraute Grunzen immer wieder mit Erfolg bei Bewegungsjagden an engen Schneisen, in Mondnächten vom Boden aus, aber auch beim Pirschen. Von einer hohen Kanzel aus ein vertrautes Grunzen nachzustellen, bringt so gut wie keinen Erfolg, da das Schwarzwild viel zu intelligent ist und sehr wohl weiß, woher das Grunzen kommt, und welches Wildschwein sitzt schon auf einem Hochsitz?

Nachtansitz

Bei der Nachtjagd ist man abhängig vom Mond. Man unterscheidet zwischen Neumond – Halbmond – Vollmond – Halbmond – Neumond, wobei die Bejagung zwischen Halbmond und Vollmond für mich immer am ereignisreichsten war.
Ich habe immer wieder festgestellt, dass sich das Schwarzwild bei Mond mit einer leichten Wolkenansammlung am Himmel lieber ins Freie bewegt.

Nach Sonnenuntergang hat man bei Mond die Zeit und die Möglichkeit, etwas länger am Stand zu bleiben.

Bilder aus Fotofallen können darüber Aufschluss geben, wann Schwarzwild bei den Fütterungen auftaucht.

Bei den sogenannten Kirrungen, wo auch immer wieder auf Schwarzwild geschossen wird, jammern die Schwarzwildjäger gerne, dass sie oftmals vergeblich saßen, jedoch die Kirrung am nächsten Tag dennoch fein säuberlich leergefressen war. Ich bin mir sicher, dass gerade das erfahrene ältere Stück Schwarzwild weiß, ob eine Kanzel besetzt ist oder nicht. Ein Jagdfreund teilte mir einmal mit, dass er schon über eine längere Zeit kein Stück Schwarzwild an der Fütterung zu Gesicht bekommen hätte, obwohl er nächtelang fast regungslos auf der Kanzel ansaß. Nachdem ich der Sache auf den Grund gegangen war, stellte sich heraus, dass einige Überläufer und Frischlinge dort erlegt worden waren. An drei verschiedenen Stellen stellte ich daraufhin Fotofallen auf.
Eine in Richtung Hochstandleiter, um zu sehen, wann mein Freund die Kanzel verlässt, und zwei in Richtung Kirrung. Das Ergebnis war genau so, wie ich es mir im Vorfeld schon gedacht hatte. Zwischen zehn Minuten

Nicht immer kann man bei Mondlicht einen Keiler erlegen.

und einer Stunde, nachdem mein Freund die Kanzel verlassen hatte, tauchte das Schwarzwild auf und bediente sich genüsslich an der Kirrung. Interessant war auch die Auswertung der Bilder. Man bekam eine starke Leitbache, mittelstarke Überläufer und einige Frischlinge zu Gesicht. Wenn Schwarzwild an einer bestimmten Stelle mehrmals beschossen wird, wird es umso vorsichtiger. In Mondnächten suche ich mir daher noch vor Sonnenuntergang im Altholzbestand, wo Schwarzwild ständig aufbricht (unter Berücksichtigung der Windrichtung), einen gemütlichen Platz. Noch bevor sich der Tag der Nacht hingibt, beginne ich mit dem vertrauten Grunzen, einige Male, und rühre mit meinem Schuh oder Gummistiefel im Laub.

Bei gutem Wind sind mir so die Sauen oft bis auf zehn Meter herangekommen. Den Abzug an meiner Büchse habe ich großteils ruhen lassen und eher Verhaltensforschung betrieben. Wenn mir so Sauen zugestanden sind, habe ich mich ruhig verhalten, bis sie vor mir zu brechen begonnen haben. In den Mondnächten habe ich mir erlaubt, mit den grunzenden, aufbrechenden

Bei Schneetreiben tauchen Sauen oft schon vor Einbruch der Nacht bei den Fütterungen auf.

Sauen mitzugrunzen. Waren sie über zwanzig Meter entfernt, haben sie kaum Notiz von mir genommen. Waren sie schon näher, kam es zu neunzig Prozent vor, dass sie mich wahrgenommen haben, einen Warnlaut von sich gaben und flüchtig verschwanden. Bei dieser Jagdmethode steigt und steigt bei mir nach wie vor der Blutdruck. Ein beträchtlicher Anteil der Jahresstecke bei Schwarzwild ist auf Mondlicht zurückzuführen.
Gibt es jedoch Jahre, in denen der Himmel bei Mondphasen bedeckt ist oder der Bodennebel einen schützenden Schleier auf das Schwarzwild legt, dann kann man auch der beste Lockjäger sein und man wird aufgrund der Witterungsverhältnisse keine Chance haben, Beute zu machen. Schießt man dennoch bei einer Kirrung bei Nacht aus einer Rotte ein Stück Schwarzwild und dieses liegt im Feuer, so können die anderen Sauen dies oft gar nicht realisieren. Wichtig ist, dass der Jäger so lange unbemerkt bleibt, bis das restliche Schwarzwild die Kirrung wieder verlassen hat. Nehmen Sauen Menschen bei Kirrungen wahr, so dauert es oft Tage, bis diese Kirrung wieder angenommen wird.

Morgen- und Abendansitz am Wechsel

Ideal ist es, wenn man Schwarzwild beim An- oder beim Rückwechseln bejagt.

Man muss wissen, woher das Schwarzwild kommt und wohin es zieht.

Wenn Sauen zwischen einhundert und dreihundert Meter vor oder nach einer Fütterung beschossen werden, können sie jedoch keinen Zusammenhang mit dem Futterplatz herstellen. Natürlich muss man wissen, wo sich die Wechsel der Sauen befinden, um Erfolg zu haben. Auch hier suche ich mir in der Nähe, an die zwanzig bis fünfzig Meter neben dem Wechsel, einen gemütlichen Platz neben einem großen Baum, falls vorhanden. Dann kommt ein vertrautes Grunzen zum Einsatz, und auch das Laub unter meinen Füßen wird bewegt. Habe ich am Wechsel die letzte vorbeiziehende Sau – meistens ein Frischling – (außer in der Rauschzeit einen Keiler) erlegt, so hat die ziehende Rotte zwar den Knall vernommen, aber nicht wirklich zuordnen können, da das letzte Stück meistens einige Meter hinter der vorletzten Sau hinterher zieht. Nimmt die Rotte den Schuss dennoch wahr und flüchtet sie, so hat sie sich bis zur Futterstelle meistens wieder beruhigt.

Intervallbejagung

Von der Intervallbejagung, die ich selbst seit gut zwei Jahrzehnten praktiziere, halte ich sehr viel. Bei sämtlichen Wildarten ist eine Umsetzung nur von Vorteil. Drei bis vier Wochen gönnt man dem Revier Ruhe, dann werden an einem Tag sämtliche Stände besetzt. Der Störeffekt beschränkt sich lediglich auf einen Tag, manchmal auch auf zwei Tage.
Der Erfolg ist natürlich auch immer witterungsabhängig. Die Strecke bzw. Strecken können sich sehen lassen. Bei einer Intervallbejagung bedarf es aber erfahrener Weidmänner für eine zielführende Umsetzung. Jäger, die von Haus aus einen nervösen Finger haben und den Abzug, ohne viel zu überlegen, zu schnell betätigen, sind bei Jagden, auf denen gezielt bejagt wird, fehl am Platz.

Mit drei Jagdfreunden konnte ich bei einer Intervallbejagung diese Strecke erzielen.

Pirsch

Gute Revierkenntnisse sind Voraussetzung, um Erfolg bei einer Morgen-, Tages-, Abend- oder Nachtpirsch zu haben. Beim Anpirschen von Schwarzwild ist auf den Wind zu achten. Ein drehender Wind kann einem alles vermasseln. Hat man jedoch guten Wind, kommt man bei ausreichender Deckung ganz nahe ans Schwarzwild heran.

Beim Pirschen braucht man Zeit und Ausdauer, hektische Bewegungen sind dabei zu vermeiden. Es gibt einige Varianten des Pirschens: das Pirsch-Sitzen und das Pirsch-Stehen. Gute hundert Meter pirschen und einige Zeit auf einem Sitzstuhl die Gegend beobachten. Dasselbe Vorgehen beim Pirsch-Stehen, jedoch anstatt auf einem Klappsitz Platz zu nehmen, lehnt man sich an einen Baum. Vor allem im Herbst und Winter in den Altholzbeständen von Buche und Eiche, wo Schwarzwild nach Nahrung sucht, kommt man gut auf Schussentfernung an diese Wildart heran. Natürlich setze ich auch beim Pirschen das vertraute Grunzen mit Erfolg ein, wenn ich an einem

Zwei auf einen Streich beim Pirschen im Schnee.

Baum lehne. Auch das Pirschen über mondlichtdurchflutete Felder und lichte Wälder hat seinen Reiz. Nur das Ansprechen in der Nacht gestaltet sich schwieriger. Gerade bei einer Rotte sollte man es unterlassen, auf die größte Sau zu schießen, denn mit Sicherheit würde eine Leitbache zur Strecke kommen. Selbstdisziplin ist hier gefragt, ein Frischling hat beim Pirschen auch seinen Reiz.

Bewegungsjagden

Ich habe gut einhundert Gesellschaftsjagden als Jagdleiter durchgeführt und auch an vielen Dutzend als Gast teilgenommen. Ob in großen Jagdgattern oder in freier Wildbahn. Jede Bewegungsjagd muss im Vorfeld gut organisiert werden. Nur eine generalstabsmäßige Durchführung führt zum Erfolg. In den Jagdgattern bekam jeder Gastjäger ausnahmslos eine Begleitperson zugeteilt. Auch bei Jagden in freier Wildbahn werden Gäste, die sich

Grün Haltepunkt, rot Trefferlage

unsicher sind beim schnellen Ansprechen, von Begleitpersonen unterstützt. Fürs schnelle Ansprechen ist dann die Begleitperson (erfahrener Jäger) verantwortlich. Uns geht es hauptsächlich darum, dass so wenig wie nur irgendwie möglich Leitbachen auf der Strecke liegen. Jeder Begleiter hat ein Aufzeichnungsblatt mit und zeichnet die abgegebenen Schüsse, welche Wildart beschossen wurde, ob angeschweißt oder erlegt, auf. Die erlegten Trophäenträger werden nach der Bewegungsjagd mit einer Wildplombe markiert.

Jeder Gast hat seine eigene Nummer, damit es nachträglich zu keinen Diskussionen kommen kann. Abhängig vom Gebiet, das bejagt werden soll, wird im Vorfeld die Strategie des Treibens festgelegt. Bei uns gibt es drei verschiedene Strategien.

Egal welche Methode auch zum Einsatz kommt, in den Treiberketten befinden sich die sogenannten Ausrichter des Treibens. Diese sind mit Funk untereinander verbunden, damit die Treiberkette auch geschlossen auf die Schneisen kommt. Die Sauen werden jedoch immer erfinderischer und dadurch haben wir auch die Strategie in einigen Treiben geändert.

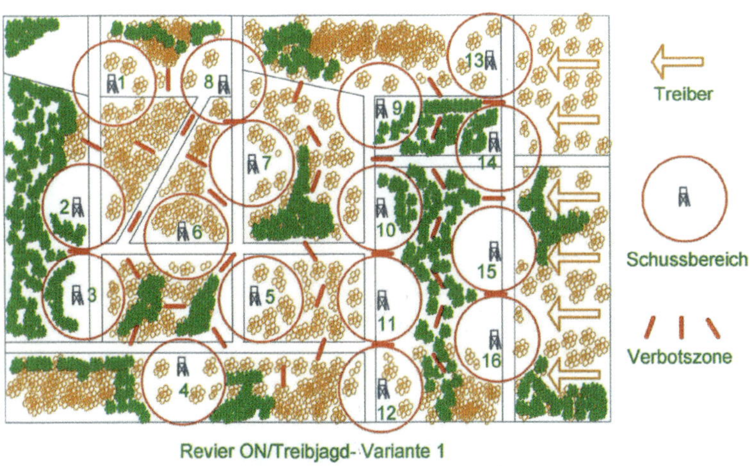

Die einfache Variante, bei der sich die Treiberkette mit der Windrichtung von einem zum anderen Ende des Treibens bewegt.

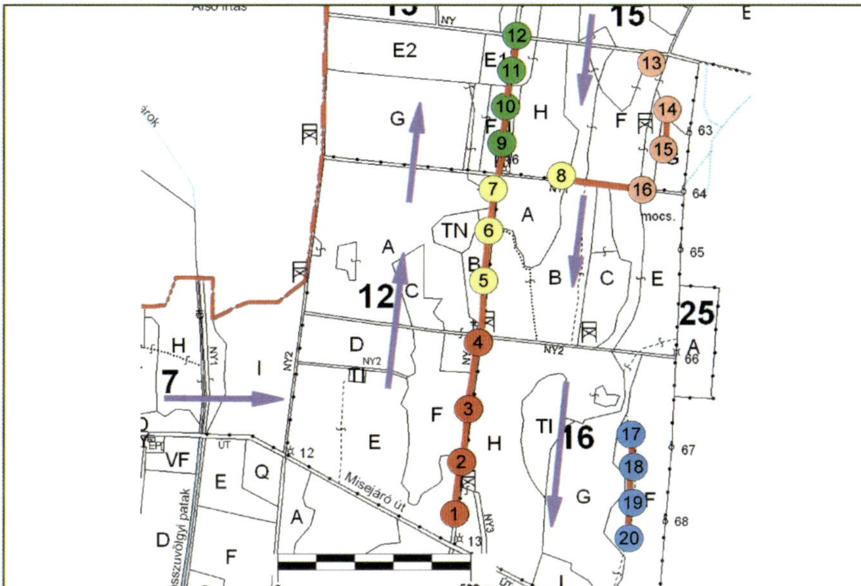

Treiber treiben jeweils zur gleichen Zeit in zwei unterschiedliche Richtungen.

Revier ON/Treibjagd- Variante 2

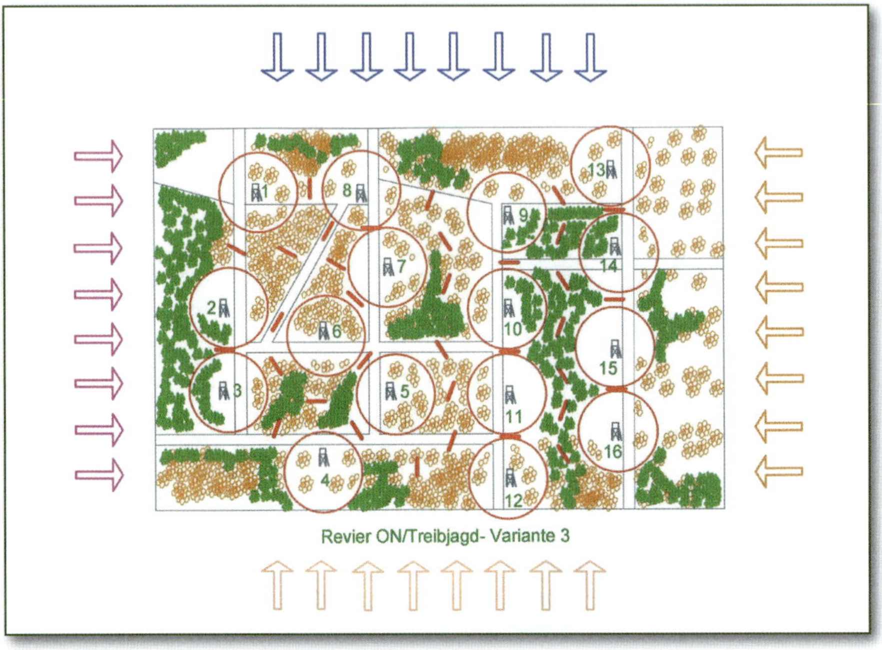

Diese Variante ist die schwierigste in ihrer Durchführung. Hier treiben die Treiber von allen Seiten aus auf die Mitte zu und setzen das Treiben Richtung Endziel fort.

Wir haben vor einigen Jahren ein Gebiet mit einer Buchenmast von gut 1,5 km in der Länge und einer Breite von ca. 900 Metern mit der Variante 1 durchgetrieben. Man hat die Sauen im Treiben gehört, Hunde haben gehetzt und Standlaute gegeben, jedoch kein einziges Stück Schwarzwild hat eine Schneise passiert. Kein einziger Schuss konnte von den 14 Schützen abgegeben werden.

Wir entschlossen uns, nicht zu ruppeln (nochmaliges Treiben zurück), sondern wir versuchten es mit Variante 2. Das Ergebnis war hervorragend: Sauen über Sauen passierten die Schneisen und wollten in weiterer Folge in den nahe liegenden Altholzbestand entkommen. Von den Treibern hörte man ständig, „Vaddisznó" (Schwarzwild), und die Hunde gaben auch ihr Bestes.

Schon im Vorfeld sollte man sich überlegen, wie eine Treibjagd erfolgsorientiert abgehalten werden kann.

Es krachte, als wäre ein Krieg ausgebrochen. Über 100 Kugelschüsse wurden abgegeben, und auf der Strecke lagen 32 Sauen. Nach Aussage der Gäste und der Treiber waren weit über 100 Stück Schwarzwild im Treiben. Dieses besagte Gebiet haben wir jedes Jahr einmal im Herbst und einmal im Jänner mit der Variante 1 durchgetrieben. Es kamen dabei immer zwischen fünf und zwölf Sauen zur Strecke. Das Ergebnis war für uns immer in Ordnung. Einige Leitbachen, die sich mit ihren Familienverbänden in der Buchenmast aufhielten, hatten sich anscheinend schon an unsere Variante 1 des Treibens gewöhnt. Erst mit der Umstellung auf die Variante 2 waren sie überfordert und brachen durch. Wie schon gesagt, man sollte die Intelligenz des Schwarzwildes nicht unterschätzen. Bei so mancher großangelegten Treibjagd auf Schwarzwild habe ich neben den Standbegleitern, Hundeführern, Treibern noch Personal für den Abtransport des erlegten Wildes zum Aufbrechplatz eingeteilt und dazu einige Jäger, die für die Strecke verantwortlich waren.

Checkliste für die Abhaltung einer Bewegungsjagd

Im Vorfeld

- Rechtzeitige Meldung an die zuständige Behörde
- Jagdeinladung versenden mit der Vorgabe vom Mindestkaliber
- Besorgung von Jagdgastkarten
- Stände kontrollieren und nummerieren
- Schussrichtungen festlegen und Verbotszonen kennzeichnen
- Geländeplan inkl. Stände mit dem Verlauf des Treibens fixieren
- Markierungsmarken fürs erlegte Wild richten/besorgen
- Signalbänder richten/besorgen
- Warnwesten richten/besorgen
- Fackeln und Reisig für die Strecke richten/besorgen
- Nummern zum Verlosen der Stände richten/besorgen
- Wildmarkierungs-Plomben richten/besorgen

Am Jagdtag

- Warntafeln großräumig aufstellen
- Treffen der Standbegleiter, Treiber, Hundeführer und des sonstigen benötigten Personals eine Stunde vor Eintreffen der Gäste
- Einweisung der Standbegleiter, Treiber und Hundeführer
- Einheizen im Jagdhaus für den Mittagstisch
- Aufstellen der Geländefahrzeuge für den Gästetransport
- Empfang der Jagdgäste

a) Treiben am Vormittag

- Ansprache/Begrüßung durch den Jagdherrn
- Ansprache des Jagdleiters mit Freigabe der Wildarten und Hinweis auf die Verhaltensregeln während des Treibens

- Auslosung der Stände und Zuordnung der Teilnehmer zu den Geländefahrzeugen
- Transport der Gäste und Standbegleiter zum Vormittagstreiben
- Transport der Treiber und Hundeführer zum Ausgangspunkt des Treibens
- Bei Einnahme des Standes ist nach Möglichkeit der Kontakt zu den Nachbarschützen herzustellen.
- Protokollerstellung durch Standbegleiter, erlegtes Wild markieren, Abtransport des erlegten Wildes zum Aufbrechplatz
- Transport der Gäste zum Mittagstisch
- Transport der Hundeführer und Treiber zum Mittagstisch
- Versorgung des bereits erlegten Wildes

b) Treiben am Nachmittag

- Transport der Gäste und Standbegleiter zum Nachmittagstreiben
- Transport der Treiber und Hundeführer zum Ausgangspunkt für das Nachmittagstreiben

- Protokollerstellung durch Standbegleiter, erlegtes Wild markieren, Abtransport des erlegten Wildes zum Aufbrechplatz
- Transport der Gäste zum Schüsseltrieb
- Versorgung des erlegten Wildes vom Nachmittagstreiben
- Streckenlegung mit Streckenumrandung aus Eichen- oder Fichtenzweigen
- Feuerstelle entzünden
- Aufstellung der Jagdhornbläser, Hundeführer, Treiber
- Aufstellung der Jagdgäste
- Meldung der Strecke an die Gäste durch den Jagdleiter
- Verblasen der Strecke
- Verladen des erlegten Wildes und Transport ins Kühlhaus
- Warntafeln wegräumen

Verblasen einer erfolgreichen Jagdstrecke

Am Tag danach

- Treffen der Hundeführer im Revier, Lagebesprechung
- Nachsuche des angeschweißten Wildes laut Protokoll
- Wegräumen von Aufbruch usw. und zusammenräumen

Nachstehendes Personal war für einen geregelten Ablauf bei einer Treibjagd mit 16 Schützen notwendig

16 Standbegleiter
ca. 40 Treiber
ca. 12 Hundeführer mit 12 bis 20 Hunden
ca. 10 Personen Wildtransportlogistik mit 2 Traktoren
6 Personen Wildversorgung
3 Personen streckenverantwortlich (Legen der Strecke)
3 Personen Gästebetreuung (Mittag, Schüsseltrieb)
5 Jagdhornbläser
ca. 95 Personen gesamt

Mein Bestreben war und ist es nach wie vor, Bewegungsjagden professionell abzuhalten. Nur so wird sich auch der Erfolg einstellen.

Regeln für Jagdgäste bei einer Bewegungsjagd

Wir überreichen unseren Jagdgästen – neben der mündlichen Belehrung – die Jagdregeln und die Freigabe von diversen Wildarten für die Bewegungsjagd auch immer in Schriftform. Es gibt hinterher dadurch keine Diskussionen (Jagd in freier Wildbahn) bei Fehlabschüssen. Für die Erlegung einer starken Bache ist ein Entschädigungsgeld zu bezahlen. Weiters werden bei der Ansprache vor Jagdbeginn vom Jagdleiter neben der Freigabe der Wildarten auch die Jagdregeln eingehend erläutert.

Bei einer Bewegungsjagd kann man in bestimmten Gebieten auch an nur einem Tag gute Jagderfolge erzielen. Der Jagddruck ist für das Wild somit nur von kurzer Dauer und beeinträchtigt das Verhalten des Wildes hinterher kaum. Man vermindert in nur wenigen Stunden den Wildbestand gezielt.

Jagdregeln

- Vor und während der Jagd gibt es ein Alkoholverbot!
- Ein Signalband muss aus Sicherheitsgründen getragen werden
- Stand/Sitz, der zugewiesen wurde, darf während des Treibens nicht verlassen werden
- Anweisungen des Standbegleiters (wenn vorhanden) müssen befolgt werden
- Jeder Schütze ist für seinen abgegebenen Schuss selbst verantwortlich
- Vom Stand/Sitz kann anwechselndes Wild, wenn es die Sicherheitsvorschriften zulassen, nach dem Bezug erlegt werden
- Weite Schüsse auf ziehendes Schwarzwild sollte man vermeiden
- Leitbachen sind nach Möglichkeit zu schonen
- Fangschüsse dürfen nur vom zugewiesenen Stand/Sitz aus abgegeben werden
- Nach Beendigung der Jagd/des Treibens durch zeitliche Festlegung oder durch Signal darf nicht mehr geschossen werden
- Nach Ende des Treibens Anschüsse kontrollieren.
  Ist Schweiß vorhanden und kein erlegtes Wild in unmittelbarer Nähe, muss sichtbar markiert werden (ich verwende weiße Papiertaschentücher dafür, die ich immer im Rucksack habe).
- Erlegtes Wild (Trophäenträger) muss mit den Wildplomben markiert werden. Auch erlegte Bachen ab 60 kg sind zu markieren.
- Ausfüllen des Protokollblattes (beschossen, erlegt, angeschweißt) für den Jagdleiter
- Weidgerechte Behandlung des erlegten Wildes
- Eigenständige Nachsuchen sind nicht erlaubt!

Treibjagd-Aufzeichnung

Jagdtag:.......................

Jagdgast:.......................
Standbegleiter:....................
Markierungs-Nr:.....................

1. Treiben	**Stand Nr:............................**		
Keiler	**Erlegt**	Angeschweißt	Beschossen
normal			
sehr stark			
Bache	**Erlegt**	Angeschweißt	Beschossen
normal			
sehr stark			
	Erlegt	Angeschweißt	Beschossen
Überläufer			
	Erlegt	Angeschweißt	Beschossen
Frischling			
Fuchs			

2. Treiben	**Stand Nr:............................**		
Keiler	**Erlegt**	Angeschweißt	Beschossen
normal			
sehr stark			
Bache	**Erlegt**	Angeschweißt	Beschossen
normal			
sehr stark			
	Erlegt	Angeschweißt	Beschossen
Überläufer			
	Erlegt	Angeschweißt	Beschossen
Frischling			
Fuchs			

Aufzeichnungs- bzw. Protokollblätter sind wichtig für die Zuordnung des erlegten Wildes und für eine eventuelle Nachsuche.

Das Wild soll hinterher im bejagbaren Gebiet wieder für längere Zeit ohne Jagddruck leben können. Mit dieser Methode kann man sehr wohl auch Wildschäden reduzieren.
Bei einer Bewegungsjagd sollte man pro Tag maximal zwei Treiben am Vormittag und nur ein Treiben am Nachmittag abhalten. Gerade im Herbst/Winter wird es schon sehr früh dunkel.

Dieser Überläufer stand mir auf mein vertrautes Locken während eines Treibens zu.

Mehrtägige Lock-/Treibjagd!

An einem Dienstag im November kam ich mit vier Jagdfreunden – Herwig, Erich, Georg und Teddy – im Jagdhaus an. Geplant war, vier Treibjagdtage in vier verschiedenen Jagdgebieten in dieser Forstverwaltung zu erleben. Im Vorfeld hatten bereits 14 Schützen (also mit meiner Person 15 Jäger) für diese Jagd zugesagt. Im Jagdhaus konnten aber aufgrund der Größe nur 12 Personen untergebracht werden. Drei Schützen mussten daher in einem anderen Jagdhaus, nicht sehr weit entfernt, Unterkunft nehmen. Dieses Jagdhaus lag günstig für den 3. und 4. Jagdtag. Ich machte die Zimmereinteilung und klebte Zettel mit den Namen der Schützen auf die Zimmertüren. Ich war mit meiner Arbeit noch nicht ganz fertig, da läutete mein Handy und ein Jagdfreund teilte mir seine Absage aufgrund familiärer Turbulenzen (seine Frau machte einen Aufstand, weil er schon wieder einmal bei einer Familienfeier durch Abwesenheit glänzte) mit. Na ja, ein Ausfall, was soll's! Ich musste nur meine Einteilungen etwas abändern. Aber noch einer der Gäste sagte kurz darauf wegen einer plötzlichen Erkrankung ab. „Zwei Schützen weniger sind zu verkraften", meinte Teddy, und alle gaben ihm recht. Aufgrund der neuen Teilnehmerzahl musste nur noch ein Jagdgast im ca. 5 km entfernten Jagdhaus schlafen. Aber wer sollte das sein? Herwig machte sich gleich daran, eine Lösung unseres Problems zu finden, und hatte auch gleich einen Lösungsvorschlag parat. Ein vorhandenes Notbett wurde zur Zufriedenheit aller aufgestellt. Nach und nach trafen die restlichen Jagdfreunde ein und bezogen ihre Zimmer. Um 19.30 Uhr begann der gesellschaftliche Teil mit einem ausgiebigen Abendessen. Nach diesem wurde an Herwig, wie auch bei vielen Jagden zuvor, von jedem der Gäste ein Tipp für die Strecke des nächsten Tages abgegeben. Natürlich mit einem entsprechenden Einsatz. Dem Sieger der Wette gebührte der gesamte Einsatz. Gab es keinen Gewinner, so verblieb der Einsatz als Jackpot für den nächsten Tag. Nach dem zweiten Tag wurde der Jackpot dann an denjenigen ausbezahlt, dessen Tipp der erzielten Strecke am nächsten war, denn einige der Gäste hatten nur für 2 Jagdtage Zeit.

Treibjagdmorgenstimmung

An diesem Abend wurde nicht lange zusammengesessen, denn alle wollten fit für den ersten Jagdtag sein. Und so gingen wir geschlossen zeitig zu Bett. Am Morgen nahmen wir ein ausgiebiges Frühstück zu uns, bestehend aus Speck, Eiern, Käse, Tomaten, Vollkornbrot usw., eben alles, was man braucht, um für einen anstrengenden Jagdtag gut gerüstet zu sein.

1. Jagdtag

Gut gestärkt nahmen wir dann vor dem Jagdhaus Aufstellung und es folgte die Ansprache des ungarischen Forstamtsleiters mit Freigabe der Wildarten sowie die Zuteilung der Berufsjäger und der Geländefahrzeuge. Und ab ging es zu den Ständen. Dieser Morgen zeigte sich von seiner schönsten Seite, und es war noch dazu windstill und leicht bewölkt, während sich

Im Rucksack habe ich immer zwei bis drei Lockinstrumente auf Sauen dabei.

die Sonne himmelwärts schob. Es herrschte eine unvergessliche idyllische Morgenstimmung. Der leichte Bodennebel, der noch vorhanden war, wurde von der Sonne innerhalb kürzester Zeit aufgefressen. Mir wurde Stand Nr. 11, derselbe Stand wie im Vorjahr, zugewiesen. Ich hatte keine besonders guten Erinnerungen an diesen Jagdtag, denn mein Anblick war damals gleich „0". Schon beim Hingehen zum Stand erklärte ich meinem Nachbarschützen Georg, dass es heuer aufgrund der überaus günstigen Wetterverhältnisse vielversprechend und besser aussah als im vergangenen Jahr, jedoch sollte er sich keine zu großen Hoffnungen auf Sauen machen, denn immerhin kannte ich dieses Gebiet schon seit geraumer Zeit, und Sauen waren mir in diesem Abschnitt der Jagd noch nicht über den Weg gelaufen. Rotwild, und hier speziell Kahlwild, ja auf das müsse er sich einstellen.
Nachdem ich bei meinem zugewiesenen Stand das Laub unter meinen Füßen entfernt hatte, lud ich meine Bockdoppelbüchse im Kaliber 375

Mein Standnachbar hatte reagiert, vielleicht hörten es auch die Sauen?

H&H Mag. mit dem 16,85 g (260 Grains) ACCUBOND-Geschoss. Zur Sicherheit nahm ich auch noch zwei Locker aus dem Rucksack. Man sollte, auch wenn man andere Erfahrungen gemacht hat, einfach nichts unversucht lassen, und einige vertraute Grunzer konnten nicht schaden. Vorsichtig baute ich mein Dreibein auf und nahm darauf Platz. Fast im selben Augenblick kamen von hinten ein Tier und ein Kalb flüchtig bis auf dreißig Meter an meinen Stand heran und zogen rechts von mir ab, bis ich sie wieder aus den Augen verloren hatte. Eine Schussabgabe war aufgrund der Sicherheitsbestimmungen nicht möglich, kurze Zeit später vernahm ich jedoch in einiger Entfernung einen Kugelschlag. Hatte da schon einer so zeitig ein Weidmannsheil zu verzeichnen? Ich konzentrierte mich wieder auf meine Schneise und keine fünf Minuten später hörte ich vertraute Geräusche im nicht einsehbaren Bestand vor mir. Die Geräusche (raschelndes Laub, brechende Zweige, abstreifende Äste) wurden immer lauter. Angespannt

hielt ich meine Waffe im Anschlag und schon huschten drei Stück Kahlwild hochflüchtig über die Schneise. Nur einmal setzten sie mit ihren Läufen in der Schneise auf und schon waren sie wieder verschwunden. Ich bin sicherlich kein schlechter Schütze, dennoch bleibt mein Finger dem Abzug fern. Mir kam wieder meine Aussage in den Sinn, die ich Georg gegenüber gemacht hatte, dass es heuer vielversprechend aussah und besser werden würde. Immer diese Prognosen, dache ich bei mir. Es war zwar windstill, was wollte man mehr, doch die ca. einen Kilometer entfernte Autobahn bzw. die singenden Reifen der LKWs konnte man ganz deutlich vernehmen. Um vielleicht doch noch etwas Bewegung in die Situation zu bringen, konnte ich der Verlockung nicht widerstehen und versuchte es mit ein paar vertrauten Grunzern. Mein ca. achtzig Meter entfernter Standnachbar hörte mein Grunzen, nahm seine Waffe in Anschlag und verweilte konzentriert Richtung Schneise. Innerlich lachte ich laut auf, und auf meinen Lippen zeigte sich ein verhaltenes Schmunzeln, wenn ich Richtung Nachbarstand schaute, auf dem mein Jagdfreund in äußerster Anspannung verharrte.
Es war kein Stück Schwarzwild im Treiben, wie bereits vorab vermutet, aber ich hatte zumindest versucht, es zu locken. Einige Minuten später hörte ich neben dem Autobahnlärm auch die ersten Treiberrufe. Diese kamen immer näher, und Hundelaute vernahm ich auch schon. Plötzlich laute Geräusche von anwechselndem Wild, gefolgt von Hundegebell. Ich konnte den Wildkörper schon erkennen, es war ein Tier. Meine Waffe richtete ich Richtung Schneise, und schon setzte das Tier mit den Vorderläufen auf und hob mit den Hinterläufen ab wie eine Rakete und weg war es wieder. Die Treiber rückten bis zur Schneise vor, richteten sich aus und trieben laut weiter, bis sie nicht mehr zu hören waren. Kurz darauf wurde die Jagd abgeblasen. Mein Standnachbar holte mich mit unserem Ansteller ab und berichtete sogleich, dass er zwar keine Sau in den Anblick bekommen hatte, obwohl nicht weit entfernt ein eindeutiges Grunzen zu vernehmen gewesen war. Dass ich für das Grunzen verantwortlich war, behielt ich als mein Geheimnis. Sauen waren in diesem Treiben keine anzutreffen, jedoch entschädigten mich die angenehmen Temperaturen und die schöne Landschaft für den erhofften Anblick.

Eine der vier bejagbaren Schneisen mit Treibern

Es folgte die Fahrt zum zweiten Treiben. Am Forstweg entlang war die Böschung frisch aufgebrochen. Ein sehr gutes Zeichen dafür, dass Sauen in der Gegend waren. Die Nummer „Zwölf" wurde mir beim zweiten Treiben an diesem Vormittag zugeteilt. Diesmal handelte es sich um einen Hochstand, zwanzig Meter neben der Forststraße. Forststraße und erste Schneise trennte eine Strauchreihe mit einer Breite von etwa 10 Metern.
Insgesamt hatte ich Einblick in vier Schneisen vor mir sowie in einen kleinen Bereich Richtung Altholzbestand hinter mir. Ich entfernte meinen Gewehrriemen von meiner Doppelbüchse, lud sie und schon knallte es beim Standnachbarn Georg. Hochflüchtig kamen ein Tier und ein Kalb spitz von meiner rechten Schneise auf mich zu, drehten ca. vierzig Schritte vor mir ab, durchquerten die Strauchreihe und kamen im kleinen Blickfeld hinter mir wieder zum Vorschein. Mein Leuchtpunkt erfasste zuerst das Kalb am Blatt, „RUMS", danach das Tier und wieder „RUMS". Das Kalb lag im

Feuer, und das Tier machte noch einige Fluchten in den Altholzbestand. Beim Tier sah ich schon in der Flucht, wie es den Schweiß im Blattbereich aus dem Körper pumpte. Das Kalb lag verendet in den braun getrockneten Goldruten. Mit meinem Treibjagdglas, einem Habicht 8 x 20 B, sah ich eine Schweißstraße, die in den Altholzbestand führte. Weit konnte ich diesen Bereich – aufgrund des kupierten Geländes – nicht einsehen. Ich war mir aber sicher, dass das Tier – aufgrund des Schusses – keine weite Flucht mehr machen konnte. Diese Dublette von mir erinnerte mich wieder an meine alten Zeiten: schnell gehandelt beim Ansprechen und überlegt die Schüsse in der richtigen Reihenfolge abgegeben. Ein Rundumsitz, wie er sich mir hier bot, mit insgesamt fünf Möglichkeiten für eine Schussabgabe, ist nicht gerade meins. Meistens sieht man in die falsche Richtung. Lieber habe ich eine Schneise, auf die ich mich konzentrieren kann. In der Zwischenzeit blies mir der Wind leicht ins Gesicht, ansonsten war alles ruhig im Umfeld. Entspannt saß ich auf meinem Hochstand, denn zwei Stück Kahlwild lagen ja bereits, und ich widmete mich wieder meinen fünf Jagdmöglichkeitsbereichen. Da schnürte plötzlich auf gut einhundert Meter Entfernung ein Fuchs seelenruhig über die rechte Schneise Richtung Standnachbar. Gespannt wartete ich auf einen Schuss meines Nachbarjägers, aber nichts dergleichen geschah. Zu jedem Treiben nehme ich auch immer Schokolade – mein sogenanntes Nervenfutter – in meinem Rucksack mit. Nach dem Erlebnis von vorhin brauchte ich wieder einmal eine kleine Tafel und genoss jeden einzelnen Bissen. Dieses 2. Treiben sollte nach Aussage des Anstellers an die 2–3 Stunden dauern. In solch einer Zeitspanne kann man schon einige Erlebnisse verzeichnen, wenn man Glück hat. Keine zehn Minuten vergingen, und in einer Entfernung von zweihundert Metern zog ein Rudel Kahlwild ins Treiben hinein. Für mich war es aufgrund der Gegebenheiten unerreichbar, aber schon der Anblick war ein Erlebnis. Kurz darauf erschien ein Tier mit einem Kalb in meiner Reichweite. Und schon hatte ich dem Kalb die Kugel angetragen. Und wieder war ein Stück mehr am Boden. Die Treiber waren für mich erstmalig in der Ferne zu hören und kamen immer näher. Hinter mir zogen drei Überläufer meine Aufmerksamkeit auf sich, die plötzlich im Altholzbestand einwechselten und teilweise verdeckt hinter alten Eichen verhofften. Dies war wieder

Angetriebener Überläufer, Haltepunkt (grün) bei dieser Geschwindigkeit, damit man Erfolg hat.

einmal eine richtig gute Gelegenheit, es mit einem vertrauten Grunzen zu versuchen. Ich nahm den Cass-Creek-Locker zur Hand und schaltete ihn ein, drückte auf die mittlere Taste und das vertraute Grunzen richtete ich Richtung Überläufer.

Erstaunt war ich über die Reaktion der Überläufer auf das Grunzen, denn sie setzten sich in meine Richtung in Bewegung. Nur kurz sah ich sie noch, dann verlor ich sie auch schon aus den Augen, da sie in einer Buschreihe zwischen Sitz und Forststraße verschwanden. Die Richtung war gut, denn sie würden – so meine Überlegungen – die Buschreihe durchqueren und in der Schneise auf gut achtzig Schritte wieder auftauchen. Ich fixierte also meine Waffe in diese Richtung, nur es kam und kam kein Überläufer zum Vorschein. Erst nach gut fünf Minuten, dies ist eine lange Zeit, wenn man eine Bockdoppelbüchse mit gut viereinhalb Kilo im Anschlag hält, tauchten die Überläufer langsam, jedoch keine zehn Schritte vor mir, in

Überläufer normal flüchtig, Haltepunkt (grün) im Schädelbereich. Meistens bleiben sie mit diesen Schüssen (rot) im Feuer liegen bzw. haben nur eine geringe Fluchtstrecke.

der Schneise auf. Sie kamen punktgenau auf das Grunzen des noch immer eingeschalteten Cass-Creek-Lockers.
Plötzlich nahmen sie mich auf dem Hochstand wahr und flüchteten. RUMS, RUMS erschallte es aus den Läufen meiner Bockdoppelbüchse. An der ersten Sau schoss ich vorbei, die zweite lag jedoch im Feuer. Die Idee war gut, in dieser Situation den Cass-Creek-Locker einzusetzen, da ich dadurch meine Hände – während dieser automatisch vor sich hin grunzte – frei für die Waffe hatte. Führungslose Überläufer oder Frischlinge reagieren im Treiben sehr gut auf das vertraute Grunzen und stehen sehr oft zu. Viele Sauen habe ich mit dieser Methode schon überlisten und erlegen können. Nachdem ich den Cass-Creek-Locker wieder abgeschaltet hatte, hörte ich auch schon die Treiber näherkommen. Mein Adrenalinspiegel hatte an diesem Tag ein Hoch nach dem anderen zu verzeichnen. Ich hörte die Treiber schreien, als sie das Tier fanden, und sie zogen es zum Forstweg.

Bergung des Tiers

Auch das Kalb wurde dazugelegt. Ich zeigte dem Hundeführer, wo der Überläufer und das Kalb im Goldrutenfeld lagen. Schnell fanden sie beide Stücke und brachten sie ebenfalls zum Forstweg. In der Schneise links und rechts vom Hochstand nahmen sie Aufstellung und trieben laut weiter. Meine Ausbeute bis jetzt war vom Feinsten. Fünf abgegebene Schüsse und vier Stück lagen entlang des Forstweges. Als ich die Treiber aus meinen Augen verlor, krachte es heftig bei den Brustschützen. Eine kurze Verschnaufpause stellte sich ein, aber bald hörte man wieder RUMS, RUMS und RUMS. Einige Male hörte ich deutlich den Kugelschlag. Der Wind kam noch immer aus derselben Richtung, nur war er etwas stärker geworden. Ab jetzt waren meine Augen wieder gefordert, auf die ich mich normalerweise immer verlassen kann. Scharf wie ein Steinadler beobachtete ich meine Schussfelder. Es war nun schon gegen Mittag, da tauchten ca. einhundert Meter schräg vor mir (auf dem Ziffernblatt der

Gelockter Überläuferkeiler

Uhr zwischen zehn und elf Uhr) am Horizont ein Spießer, ein Tier und ein Kalb auf. Sie zogen mit mäßigem Tempo in meine Richtung. Zuerst beschoss ich das Kalb und danach wieder das Tier und beide sah ich im Goldrutenfeld zusammenbrechen. Der Spießer, der nicht frei war, setzte seine Reise Richtung Nachbarschützen Georg fort. Was werden wohl meine Jagdkollegen sagen, wenn sie beim Mittagessen von meiner Strecke erfahren. Der Herrgott hatte es an diesem Tag sehr gut mit mir gemeint, und im Stillen schickte ich ein „Vergelt's Gott" gegen den Himmel. Einige Schüsse waren wieder zu hören, und plötzlich tauchte hochflüchtig ein Rehbock auf, der zwei Schneisen passierte, bis er im Altholz verschwunden war. Diesmal betätigte ich ausschließlich den Abzug meiner Nikon und nicht den meiner Bockdoppelbüchse. In der Zwischenzeit war es dreizehn Uhr geworden und mein Magen meldete sich auch schon mit einem unüberhörbaren Knurren. Endlich hörte ich das Signal, das das Ende des Treibens signalisierte. Mein

Ansteller holte mich wieder ab und konnte gar nicht glauben, was da schon wieder alles den Forstweg säumte, 4 Stück waren es von mir. Er wollte schon weitergehen, da gab ich ihm zu verstehen, dass noch zwei weitere Stücke lagen, und zeigte sie ihm und Georg. Wir markierten die Fundstellen im Goldrutenfeld mit weißen Taschentüchern, damit jene Personen, die das Wild abtransportierten, eine Orientierungshilfe hatten.
Beim Mittagstisch gab es bei dem einen oder anderen, der überhaupt nichts gesehen hatte, ein langes Gesicht, als sie vom Jagdleiter erfuhren, was ich alles zur Strecke gebracht hatte. Aus Seppis Mund schoss es wie aus einer Pistole: „Du bist unser Puszta-Rambo!“ Das Mittagessen war nach meinem Geschmack, aber Hunger ist ohnedies der beste Koch, wie ein Sprichwort besagt. Diskussionen wurden geführt, warum der eine viel Anblick und ein anderer wieder kein Stück Wild zu Gesicht bekommen hatte, bis es Zeit war für das Nachmittagstreiben.
Am Nachmittag hatten Georg und ich Außenflügelstände im Eichenaltholzbestand zugeteilt bekommen. Georg hatte den Stand Nummer siebzehn und ich achtzehn. Vor mir, zwischen dreißig und vierzig Meter, verjüngte sich der Bestand, ein idealer Standplatz für mich. Ich habe Georg gerne als Nachbarschützen, denn auf ihn kann ich mich aufgrund seiner Treibjagderfahrung verlassen. Der Wind hatte sich in der Zwischenzeit wieder beruhigt, Vogelgezwitscher war zu hören, ansonsten trübte nichts die friedliche Stimmung dieser Gegend. Ich holte meine Locker, – den Eifel-Grunzlocker, Weisskirchen-Saulocker und den Cass-Creek-Locker – aus meinem Rucksack und legte sie auf denselben. In einem Intervall von zehn Minuten stellte ich mit den vorhandenen Lockern naturgetreu ein vertrautes Grunzen mit Rascheln im Laub nach.
In Mastbeständen suchen Sauen nach Eicheln und Bucheckern und vielleicht hörten die Sauen meine Grunzversuche und hielten Nachschau, woher diese vertrauten Töne kamen. Nach jeder Serie war es so ruhig im Wald, dass man eine Stecknadel ins Laub hätte fallen hören. Gespannt, jedoch zufrieden und satt vom Mittagessen, verweilte ich auf meinem Dreibein neben einer über einhundertjährigen Eiche und ließ meine Blicke immer wieder über meinen Schussbereich streifen. Zwischendurch hörte ich ein Rascheln, und schon war ich mit meiner Bockdoppelbüchse bereit. Ein Fehlalarm jagte

Ausblick über die Schussverbotszone zu meinem Nachbarschützen

den anderen und mein Blutdruck schwankte ständig. Der Standplatz von Georg und mir erschien mir so erfolgversprechend aufgrund der vor ihm liegenden Dickung, dass jeden Moment eine Sau hätte anwechseln müssen, nur leider blieb alles ruhig. In der Ferne hörte ich plötzlich jagende Hunde, die immer lauter und lauter wurden und sich in meine Richtung bewegten, jedoch nach einiger Zeit wieder abdrehten. Gespannt wartete ich mit meiner Waffe im Anschlag. Plötzlich ein Schuss ohne hörbaren Kugelschlag von einem Schützen in der Mittelreihe, danach war es wieder ruhig. Auch das „wif" „waf" der Hunde entfernte sich immer weiter von mir. Mit dem Weisskirchen-Saulocker, der im Wald eine Reichweite von einhundert Metern hat, versuchte ich ein vertrautes Grunzen. Vielleicht hörten mich eine oder mehrere führungslose Sauen. Bei diesem Treiben war ich nicht so entspannt wie am Vormittag. Vielleicht war es das deftige Essen oder der starke Kaffee hinterher, die eine nervöse Unruhe in mir erzeugten.

Hat mich in den Wind bekommen.

Über eine Stunde dauerte das Treiben schon, und trotz meiner hervorragenden Lock-Konzerte verirrte sich kein Stück Schwarzwild zu mir. An diesem Nachmittag war auch erst ein Schuss gefallen. Von der linken Seite besuchte mich ein dreijähriger Hirsch und stellte sich keine zwanzig Meter neben eine alte Eiche hin und beobachtete mich fast fünf Minuten, bis er weiterzog. Keine fünf Minuten danach durchbrach ein Schuss aus Georgs Blaser R 93 die Stille. Gespannt wartete auch ich mit meiner Waffe im Anschlag, nur es kam nichts. Einige Minuten darauf sah ich im Altholzbestand oberhalb von Georg die Treiber vorbeiziehen. Worauf hatte wohl mein Nachbarschütze geschossen? Ich hatte keinen Kugelschlag vernommen. Vielleicht auf einen Fuchs? Die Treiber waren kaum noch zu hören, da versuchte ich es das letzte Mal mit einem vertrauten Grunzen und Rascheln im Laub. Keine zwei Minuten vergingen, da kamen auch schon zwei Überläufer aus dem Unterwuchs und verhofften keine zwanzig

Schritte vor mir in meine Richtung. Sie verhofften partout an einer Stelle, an der ich absolut keinen Kugelfang hatte. Vorsichtig nahm ich mein Gewehr in Anschlag, denn wenn sie nach links oder rechts zogen, hatte ich die Möglichkeit, einen Schuss abzugeben. Mein Leuchtpunkt war auf einen der Überläufer gerichtet und wartete nur mehr darauf, bis dieser sich bewegte. Es verging eine Minute um die andere, die Überläufer rührten sich jedoch nicht von der Stelle. Sollte ich schießen oder nicht, nur wenn ich den Überläufer nicht traf, wohin verirrte sich die Kugel, geisterte es mir ständig in meinen Kopf herum. Ich ließ mich nicht hinreißen und wartete zu.
Ich verspürte eine leichte Windbrise im Nacken, die zwei Überläufer drehten daraufhin am Stand um und verschwanden im Unterwuchs. Sollte nicht sein, dachte ich mir, aber immerhin hatte ich zwei Sauen erfolgreich angelockt. Obwohl es nicht geklappt hatte, eine davon oder gar beide zu erlegen, war ich über meinen Lockerfolg glücklich und zufrieden. Jedes Mal lerne ich beim Locken dazu, da die Situationen immer unterschiedlich sind und stets neue Herausforderungen auf mich zukommen.

In der Zwischenzeit war es 16.00 Uhr, und im Wald dämmerte es bereits. Für mich war der Tag sehr erfolgreich verlaufen. Das Treiben wurde abgeblasen und unser Ansteller holte Georg und mich wieder ab. Wie vermutet hatte Georg auf einen Fuchs geschossen, jedoch leider nicht getroffen.

Bei der Streckenlegung gab es einen regen Gedankenaustausch unter den Jagdteilnehmern über die Erlebnisse des Tages. Eines stand an diesem Jagdtag außer Zweifel, für die Hälfte der Strecke zeichnete meine Person verantwortlich. Ohne Einsatz meiner Lockinstrumente hätte ich sicherlich nicht diesen Erfolg beim Schwarzwild verzeichnen können. Man soll ja nicht glauben, dass man bei einer Treibjagd immer Schwarzwild locken kann. Viele Faktoren spielen da mit, von der Geländebeschaffenheit bis zum Umstand, dass es führungslose Frischlinge bzw. Überläufer in den Einständen gibt. In einem Altholzbestand mit einem Einblick bis zu einhundert Metern und mehr und ohne Deckung hat es keinen Sinn, ein vertrautes Grunzen abzugeben. Der Abend im Jagdhaus war lustig und gesellig wie schon lange nicht mehr. Im wahrsten Sinne des Wortes ging bis weit nach Mitternacht „die Post ab".

2. Jagdtag

Nach einem ausgiebigen Frühstück wurden wieder die Tageswetten bei Herwig plaziert. Am Vortag war Georg der Glückliche gewesen, der die Tagesquote erraten hatte.
Jeder Jagdtag beginnt mit demselben Prozedere wie: Begrüßung, Ansprache, Freigabe und Zuweisung zu den Anstellern. Herwig war an diesem Tag beim ersten Treiben mein Nachbarschütze und Elemér unser Ansteller für den ganzen Tag. Nach einer längeren Fahrt pirschten wir im Altholzbestand den Hügel hinunter. Herwig wurde auf Stand Nr. 1 gestellt und eingewiesen, welche Schussmöglichkeiten er hatte. Danach gingen wir weiter zu einem nicht allzu großen Hochstand. Was ich bis dahin nicht wusste, war, dass Elemér, ein Förster, bei mir am Hochstand bleiben sollte.
Als er sich neben mich setzen wollte, gab ich ihm zu verstehen, dass dies nicht möglich sei, da ich – auch wenn ich alleine auf dem Hochstand saß – nur begrenzt Bewegungsfreiheit hatte. Er verstand meine Einwände und nahm auf der letzten Leitersprosse Platz. Und wieder hatte ich einen Sitz mit fünf sternförmigen Schneisen und einer Sichtweite teilweise bis auf einhundertfünfzig Meter. Der Wind blies mäßig konstant aus einer Richtung. Wieder waren meine Augen gefordert und mussten wesentlich zu einem guten Gelingen dieses Treibens beitragen. Rechts von mir am Schneisenrand auf gut einhundert Meter stand Herwig bei einer Buche. Neben dem Wind störte auch noch das Geräusch eines Fichtenmopeds – sprich Motorsäge – am gegenüberliegenden Hügelrücken. Noch bevor das Treiben begann, wechselte ein Kalb über die Schneise, kurz darauf ein Tier mit einem Kalb zwischen Herwig und mir. Weder Herwig noch ich machten Anstalten, das Kahlwild zu beschießen, und so konnte es unbehelligt weiterziehen. Rauschende Blätter ließen mich an diesem Vormittag sehr oft zur Waffe greifen, in Erwartung, dass Wild anwechselt. Die Temperatur war

Treibjagdmorgenstimmung

für eine Treibjagd mehr als nur angenehm. Es hatte so um die 10 °C plus, und für die Jahreszeit war es zu warm. Die Sonne leuchtete zunehmend eine Schneise nach der anderen aus. Die herrliche Herbststimmung wurde nur vom Motorsägenlärm gestört. Mit den Ständen Nr. 1 und 2 waren Herwig und ich am Rückwechsel. Bei so vielen engen Schneisen konnte man sich nur auf eine konzentrieren. Ich wählte die, die den Hügel hinunter verlief, und sah dadurch auch ins Tal hinein.
Am Himmel tummelten sich gerade einige schnatternde Graugänse in einer Keilformation. Die Treiber und Hunde querten diese Schneise und ihre Stimmen verloren allmählich wieder an Kraft. Nach gut zehn Minuten besuchte mich eine Rehgeiß, kurz darauf auch ein Kitz. Mit meiner Nikon gelangen mir einige gute Fotos. In der Zwischenzeit waren schon wieder eineinhalb Stunden vergangen. Es ist ermüdend, wenn man sich längere Zeit nur auf eine fünf Meter breite Schneise konzentriert. Ständig fielen

Graugänse zogen über uns weg.

durch den Wind – der offensichtlich ein anderes Wetter bringt – kleine Äste, Zweige und Blätter von den Bäumen. Auch mein Nachbarschütze hatte bei diesem Treiben noch keinen Schuss abgegeben. Ich döste so vor mich hin, als ich ein Rauschen im Laub hinter mir vernahm. Und schon war ich wieder munter und mit über einhundert Prozent bei der Sache, meine Bockdoppelbüchse im Anschlag und in die Schneise gerichtet. Ein Reh querte daraufhin eilig die Schneise, und wieder keine Sau! Der Wind hatte in der Zwischenzeit bei fast allen Bäumen das Laub abgeschüttelt. Meine Locker blieben bei diesem Treiben im Rucksack. Plötzlich „RUMS", mein Nachbarschütze, Herwig, hatte einen Schuss abgegeben.
Seine 9,3 x 64 war nicht zu überhören. Jetzt kam wieder Leben ins Treiben, hetzende Hunde und schreiende Treiber waren im Graben zu hören. Bei diesem Treiben bewegte sich eine Gruppe von West nach Ost und eine andere zur selben Zeit von Ost nach West.

Der von Herwig zur Strecke gebrachte Keiler

Unter mir im Grabenausläufer vernahm ich zwei schwere Schüsse. Ich glaubte dabei die Doppelbüchse von Heissi zu erkennen, denn er führt auch dasselbe Kaliber wie ich. Bereits seit vielen Jahren führe ich eine Doppelbüchse im Kaliber 8 x 57JRS und eine im Kaliber 9,3 x 74R. Vor einigen Jahren vermachte mir Heissi, als er von seiner Frau zum runden Geburtstag eine neue Doppelbüchse Side by Side bekam, seine alte. Ich ließ sie bei der Firma Hambrusch in Ferlach mit einem neuen Zielfernrohr auf meine Bedürfnisse hin umbauen. Die Schussleistung und die Wirkung der Geschosse sind hervorragend, und ich konnte schon einige Dutzend schnelle Sauen damit zur Strecke bringen. Nach Ende des Treibens stiegen wir vom Stand und gingen zu unserem Nachbarschützen, um ihn abzuholen. Herwig erzählte aufgeregt, dass er auf eine riesengroße Sau geschossen hatte. Er war sich sicher, dass es sich um einen Keiler gehandelt hatte. Er konnte von seinem Stand aus einen etwa zwanzigjährigen Buchenjungwald gut

einsehen. Elemér und ich folgten Herwigs Anweisungen und konnten auch bald jede Menge Schweiß finden.
Alle zehn Meter markierte ich mit einem weißen Papiertaschentuch auf den Ästen den Verlauf der Schweißfährte. Nach über einhundert Metern gab ich auf, da die Schweißtropfen, die ich fand, immer weniger wurden. „Ein Hundeführer mit einem guten Hund muss nachsuchen", gab ich Elemér zu verstehen. Per Handy verständigte er einen Hundeführer und erklärte diesem ausführlich, wo er mit der Nachsuche beginnen sollte. Für uns aber ging es ab zum 2. Treiben. Wir bestiegen unseren Geländewagen und fuhren zur vereinbarten Ausgangsposition des nächsten Treibens. Am Treffpunkt erwarteten uns bereits zwei weitere Jagdfreunde. Gemeinsam gingen wir eine Schneise den Hügel hinunter und waren auch schon beim ersten Stand, der Herwig zugeteilt wurde. Herwig hatte die Schneise für sich alleine, denn wir stiegen noch weiter ab in einen Buchenaltholzbestand mit guten Unterwuchsfeldern. Als nächster bekam Erich, ein Wildmeister vom Hochgebirge, der das erste Mal mit von der Partie war, seinen Stand zugeteilt. Stand Nr. 16 bekam ich, und unweit von mir, auf Stand Nr. 17, wurde Teddy postiert. Das zweite Treiben könnte erfolgreicher werden, ging es mir durch den Kopf, denn vor und hinter mir lag ein Altholzbestand mit größeren Unterwuchsinseln. Diesmal waren wir, ich meine unsere Linie, Brustschützen.
Ich schob gerade mit meinen Gummistiefeln das Laub unter meinen Füßen zur Seite, da erblickte ich am Gegenhang, Richtung Graben ziehend, ein Tier mit einem Kalb. Kurz darauf verlor ich beide aufgrund der Geländebeschaffenheit wieder aus den Augen. Noch bevor ich meine Waffe geladen hatte, krachte es schon bei Teddy. Nun war Eile geboten, und auch ich hielt meine Waffe bald geladen im Anschlag und wartete gespannt, als sich ein Kalb den Berg hoch – zwischen meiner Schussverbotszone durch – nach hinten schob. Bei der nächsten guten Gelegenheit (außerhalb der Schussverbotszone) ließ ich die Kugel fliegen, sah das Kalb zeichnen, es verschwand jedoch im Unterwuchs hinter mir. Für längere Zeit kehrte danach Ruhe ein und ich versuchte es wieder einmal mit einem vertrauten Grunzen und mit Rascheln des Laubes. Aber nichts bewegte sich, nur die Blätter säuselten leise im Wind. Mit der Windrichtung war ich mehr als

Beschleunigter Überläufer, trotz Mitziehen muss bei dieser Geschwindigkeit der Haltepunkt (grün) im Wurfbereich sein, damit man einen guten Schuss (rot) ins Leben bringt.

zufrieden, denn der Wind blies konstant in meine Richtung. Die Treiber kamen auch mit dem Wind, was das Treiben erleichterte. Bei sämtlichen Treiben, bei denen ich als Jagdleiter fungierte, habe ich die Treiber immer mit dem Wind treiben lassen, da die Erfolge, im Nachhinein betrachtet, doch beachtlich waren. Auch meinen beiden Standnachbarn war es schon sichtlich langweilig geworden, denn es rührte sich überhaupt nichts. Wenn sich längere Zeit nichts tut, werden meine Augenlider immer schwer. Die Kronen der alten Buchen bewegten sich kontinuierlich hin und her wie das Pendel einer Standuhr. Kurz nach 12.00 Uhr kam aber doch wieder Bewegung ins Treiben. Schuss auf Schuss mit teilweisem Kugelschlag und Widerhall, herrlich, und schon wieder eine Serie und noch eine! Dies ging eine Zeitlang so dahin. Angespannt suchte ich meine Schussbereiche nach anwechselnden Sauen ab. Auch meine beiden Standnachbarn hatten ihr

Mein zur Strecke gebrachter Überläufer

Gewehr im Anschlag. Wir waren bestens gerüstet, und die Sauen konnten kommen, nur verirrte sich keine in meine bzw. unsere Richtung.
Und wieder versuchte ich einige vertraute Grunzer mit dem Weisskirchen-Saulocker nach vorne, aber diesmal auch nach hinten. Keine zwei Minuten vergingen, da krachte es schon wieder, diesmal bei meinem Nachbarschützen Teddy, „Rums, Rums". Ich sah, dass er nach hinten geschossen hatte, und erblickte auch schon zwei flüchtige Überläufer auf etwa dreißig Meter. Nun war meine Chance gekommen. „Rums", der erste Schuss vorbei, „Rums", aber der zweite saß, und ich konnte mitverfolgen, wie sich der beschossene Überläufer in der Todesflucht ins Laub schob. Obwohl ich sehr schnell nachgeladen hatte, war der zweite Überläufer verschwunden. Es folgten aber noch einige Schüsse in unmittelbarer Nähe, und es war anzunehmen, dass der flüchtende Überläufer doch noch erlegt werden konnte. Durch mein Locken konnte ich somit wieder führungslose Überläufer zum

Bergung meines Überläufers

Zustehen bewegen, oder wären sie auch ohne mein Zutun auf der Bildfläche erschienen?

Vor allem, wenn es im Umfeld kracht und danach wieder Ruhe einkehrt, verhoffen oft führungslose Sauen in Dickungen. Vernehmen sie dann ein vertrautes Grunzen, ein Signal dafür, dass die Luft wieder rein ist, dann bewegen sie sich in die Richtung, aus der das vertraute Grunzen kommt, um wieder ihren Anschluss zu finden. Diese Beobachtung konnte ich schon mehrfach machen. Jetzt rückten hörbar auch die Treiber wieder näher. Hunde stellten eine angeschweißte Sau, kurz darauf war der erlösende Schuss durch einen Hundeführer zu hören. Mein Überläufer lag, friedlich verendet, hinter mir im Laub. Das Treiben wurde abgeblasen und das erlegte Wild in diesem steilen Gelände geborgen. Einem Hundeführer zeigte ich den Anschuss des beschossenen Kalbes. Es war jede Menge Schweiß im Laub vorzufinden. In der Zwischenzeit war auch schon der

Wildmeister Erich beim Anschuss, und er bestätigte, dass das Kalb schwer krank weggezogen war. Der Hundeführer trat gleich in Aktion und meinte, dass dies kein Auftrag für seinen Hund sei.
Auch Teddy und Elemér hatten sich zum Anschuss gesellt. Elemér hatte zwei Sauen erlegt, Teddy hatte weniger Glück gehabt, mich aber durch seine Schussabgabe auf die zwei Überläufer aufmerksam gemacht, die von hinten einwechselten. Auch das Kalb wurde nicht weit vom Anschuss verendet gefunden. Ich war schon gespannt, wie groß die Strecke sein würde, denn immerhin wurde eifrig geschossen.
Beim Mittagstisch jagte wieder eine Erzählung die andere, und es gab wieder sehr viel zu erzählen. Der Keiler, den Herwig im ersten Treiben beschossen hatte, konnte erfolgreich nachgesucht werden. Er war ganz glücklich, dass er den Keiler doch noch bekommen hatte. Ohne Hund wäre es aber unmöglich gewesen, den Keiler zu finden, denn mit einem relativ guten Schuss war er noch ca. fünfhundert Meter geflüchtet. Verwundert war ich, als ich hörte, dass am Vormittag nur 9 Stück erlegt wurden, denn es hatte zwischendurch gekracht, als ob der Krieg ausgebrochen wäre. Einige Schützen verließen uns nach dem Mittagstisch, da andere Aufgaben auf sie warteten. So waren wir beim letzten Treiben nur noch neun Schützen.
Für den Nachmittag gab es aufgrund der neuen Teilnehmerzahl eine neue Einteilung durch den Jagdleiter. Mein Ansteller war derselbe geblieben, mein Nachbarschütze war diesmal wieder der Georg. In einem zusammenhängenden Waldstück wurden wir hintereinander auf einer Forststraße angestellt. Ich bekam den ersten Stand, danach folgte Georg und zum Schluss Elemér. Der Bestand links und rechts der Forststraße war ideal zum Locken von Sauen in einem Treiben. Im Altholzbestand gab es genug Deckungsmöglichkeiten zum Einschieben von führungslosen Sauen. Die ersten Schüsse ließen nicht lange auf sich warten. Das erste vertraute Grunzen setze ich in Richtung der Deckungsmöglichkeiten ab. Der Wind hatte im Vergleich zum Vormittag etwas nachgelassen, dafür aber zogen – zwar langsam – Wolken am Himmel auf. Ich hatte eine gute Sicht und jede Menge Laub am Waldboden. Dieser Umstand erleichterte das Wahrnehmen von abwechselndem Wild. Die Treiber kamen immer näher, richteten sich in der Schneise aus und trieben weiter. Wir waren einmal Brustschützen und

Von Hunden angetriebener Keiler, Haltepunkt (grün), Treffer im Leben. Wo ich meinen Haltepunkt beim Mitschwingen meiner Waffe setze, hängt von der Entfernung und der Geschwindigkeit der Sau ab. Ist sie weiter weg, muss ich den Haltepunkt weiter nach vorne verlagern, um Erfolg zu haben.

einmal Rückwechsel-Schützen, denn unsere Stände waren in der Mitte des Treibens. Sobald ich die Treiber nicht mehr hörte, ging das Kugelgewitter in verschiedenen Richtungen heftig los. Gespannt wartete ich im Anschlag nach oben gerichtet.

Jetzt und jetzt musste eine Sau den Forstweg queren! Nur es kam keine, und es wurde wieder eigenartig ruhig. Und wieder versuchte ich ein vertrautes Grunzen und schob das Laub mit meinen Füßen hin und her. Keine Minute später erblickte ich eine Sau, die sich im Deckungsbereich auf mich zubewegte und wieder verhoffte. Das musste eine größere sein, denn der Rücken war gut zu sehen, sonst aber leider nichts. Ein Schießen auf Verdacht kam und kommt für mich nicht in Frage. Auf gut vierzig Meter stand das Stück Schwarzwild. „Ist es eine Bache mit ihren Frischlingen, die ich nicht sehen kann, oder ist es doch ein Keiler?“, schoss es mir durch

Mein Freund Heissi hat bei diesem Treiben gleich drei Sauen erlegen können, unter anderem auch meinen Keiler.

den Kopf. Vorsichtig kniete ich nieder, um mit dem Eifel-Grunzlocker ein – hoffentlich für die Sau geläufiges – Grunzen wiederzugeben. Dies gelang mir gut, und schon hatte ich die Waffe wieder in der Hand und stand langsam auf. Die Sau hatte sich in der Zwischenzeit auf gut fünfundzwanzig Meter herangeschoben und verhoffte wieder. Sollte ich einen Schuss wagen oder doch nicht? Der Rücken war mittlerweile schon etwas besser zu sehen. Ich fühlte mein Herz pochen– Adrenalin pur! Dem Verhalten nach musste es ein Keiler sein, soweit war ich mir schon sicher.
Plötzlich tauchten unter mir drei Hunde auf und suchten schnurgerade in dem Deckungsbereich, in dem auch meine angelockte Sau stand. Es dauerte nicht lange, „wief, waaf, wief, waaf", die Hunde stellten die Sau aber nur kurzfristig, die natürlich die Flucht angetreten hatte. Die Hunde hetzten laut hinterher. Meine Waffe war in den Forstweg gerichtet, in der Hoffnung, dass die Sau diesen quert. Plötzlich, auf gut zweihundert Meter,

querte ein Riesenkeiler den Forstweg, in einem größeren Abstand gefolgt von den Hunden. Mein Schuss löste sich. Kugelschlag hörte ich keinen, und auch der Keiler hatte nicht reagiert. Wären die Hunde nicht gewesen, vielleicht hätte ich den Keiler zur Strecke bringen können, aber was wäre wenn ...?!? Nach einigen Schüssen im Umfeld wurde das Treiben kurz darauf abgeblasen. Trotz der vielen Schüsse den ganzen Tag über war die Strecke mehr als bescheiden. Am Abend reisten sehr viele Jagdfreunde ab. Auch Heissi, Teddy, Herwig, Seppi und ich verließen nach der Streckenlegung das Jagdhaus, um in einem benachbarten Revier noch zwei Treibjagdtage mit einer anderen Jagdgesellschaft zu verbringen.

3. Jagdtag

Gemälde von Prof. Muray

Beim Frühstück saß ich wieder – wie schon seit mehr als zwanzig Jahren – gegenüber von einem Ölgemälde von Prof. Muray mit dem Titel „Getriebene Sauen im Schnee“! Meine Gedanken beschäftigten sich immer wieder damit, welcher der Sauen ich die erste Kugel antragen würde und welcher die zweite. Wäre es möglich – nach einem schnellen Nachladen meiner Doppelbüchse – auch noch die dritte Sau zur Strecke zu bringen? Solche Situationen boten sich nur sehr selten. Nach einer Dublette habe ich kaum eine dritte – geschweige denn eine vierte – Sau erlegen können. Vor einem Gemälde hat man genügend Zeit zum Überlegen, nur in der Natur sind es oft bloß Bruchteile von Sekunden, die einem zum Handeln bleiben.

Nun aber wieder zurück zum Tagesgeschehen. Nachdem die obligatorischen Wetteinsätze für die Tagesstrecke an Herwig abgegeben waren, folgte die Ansprache des Jagdleiters Tamás mit der Freigabe der Wildarten; diesmal nur Schwarzwild und Füchse. Bei der Standeinteilung bekam ich meine Lieblingsnummern drei, vierzehn und achtzehn zugewiesen, und ab ging es zu den Ständen.

Beim ersten Treiben war ich auf Stand Nr. 3. Beim Hingehen zum Stand hätte mir der Ansteller beinahe den falschen Stand zugeteilt, aber ich wusste, dass Stand Nr. 2 für Werner bestimmt war. Mein Jagdfreund Teddy ging mit dem Ansteller über den Hügel zu den Ständen 4 und 5. An diesem Vormittag herrschte im wahrsten Sinne des Wortes ein „Sauwetter“ mit leichtem Regen und Wind. Die Jagd fand aber dennoch statt. Persönlich liebe ich leichten Regen beim Pirschen auf verschiedene Wildarten, nur bei einer Treibjagd, wo man längere Zeit auf einem bestimmten Platz ausharren muss, hätte ich mir bessere Bedingungen gewünscht.

Mein Dreibein diente wieder als Sitzgelegenheit, die Waffe lag schussbereit auf meinen Oberschenkeln, der Saulocker war unter dem Dreibein verstaut, und ein Wetterfleck hüllte alles ein, mich inkludiert. Der Regen nahm zwischendurch immer wieder zu, ließ dann aber auch wieder nach und wurde stärker und auch wieder schwächer! Trotz der widrigen Wetterverhältnisse dachte anscheinend niemand ans Aufhören. Nach unten zum Nachbarschützen Werner hatte ich meine Schussverbotszone, jedoch freies Schussfeld nach vorne kurz und nach oben. Mein Stand befand sich

Mein Stand mit der Nummer drei

am Rand eines Buchenbestandes mit Ausblick nach vorne von gut dreißig Metern bis hin zu einer Dickung.
Nachdem alle angestellt waren, quälten sich die Treiber zum Aufstellen den durchweichten Weg hinter mir empor und richteten sich zum Treiben aus. Mit Signalregenmänteln bekleidet, begannen die Treiber ihre Arbeit. Ständig wurde ich von Wassertropfen, die sich in mein Genick verirrten, gestört. Meine Blicke schweiften über eine düstere Gegend. Warum wir an diesem Tag überhaupt ins Freie gegangen sind, war mir in diesem Moment nicht ganz klar. Wir Jäger konnten uns ja noch einigermaßen schützen, nur die armen Treiber und Hundeführer, die mussten durch das nasse Gestrüpp und durch Dickungen hindurch treiben. Sie taten mir richtig leid, nur die Forstverwaltung nahm da keine Rücksicht. Eine Treibjagd, die im Vorfeld fixiert wurde, wird bei jeder Witterung durchgeführt. Die Treiber waren schon kaum mehr zu hören, da begann ich mit dem ersten vertrauten Grunzen. Wider Erwarten schob sich auch gleich ein Überläufer unter mir aus der

Dickung, verhoffte kurz und trollte weiter zu meinem Nachbarschützen Werner. „Rums“, „Rums“, ertönte es aus seiner Doppelbüchse, und ich konnte beobachten, wie sich der Überläufer nach hinten verdrückte. Nach fünf Minuten wiederholte ich meine Grunzversuche. Und wieder, fast auf derselben Stelle, kamen vier Überläufer zum Vorschein, verhofften kurz zu mir und trollten wieder Richtung Werner. Und wieder „Rums“, „Rums“ und nur noch drei sah ich über meine Schussverbotszone verschwinden. Eine musste liegen, denn ich hatte anfangs doch vier Sauen gesehen. Bis jetzt waren ausschließlich führungslose Sauen gekommen. Ich hatte zwei Lockversuche gestartet und beide waren erfolgreich, warum es also nicht noch mit einem dritten versuchen? Nach 10 Minuten versuchte ich erneut ein Grunz-Konzert. Und wieder, an derselben Stelle schob sich eine Sau aus der Dickung und verhoffte in meine Richtung. Es war eine starke Bache, die ca. eine Minute auf derselben Stelle wie die Überläufer verharrte, bevor auch sie sich wieder Richtung Werner in Bewegung setzte. Auch bei Schlechtwetter habe ich meine Nikon mit und so richtete ich mein Objektiv in die Schussverbotszone und hoffte, einige gute Aufnahmen zu erhaschen. Da es regnete, verstaute ich die Kamera aber bald wieder sicher im Rucksack. Im Umfeld waren noch einige schwere Schüsse zu hören. Auch mein Standnachbar Teddy, der über dem Hügel stand, hatte den Abzug an seiner Doppelbüchse im Kaliber 30 R Blaser mehrmals betätigt. Drei Versuche, drei Erfolge! Würde es noch einmal funktionieren? Es kam auf einen Versuch an. Und es dauerte nicht lange, da erblickte ich am Rand der Dickung einen Überläufer. Meinen Wetterfleck schob ich vorsichtig zur Seite, nahm meine Waffe in den Anschlag, bevor ich jedoch den Finger krumm machen konnte, hatte er sich auch schon wieder verabschiedet und war in der Dickung verschwunden. Bei Schönwetter wäre er mir nicht entkommen, denn da hätte ich meine Waffe schon im Anschlag gehabt. Aber was soll’s, auch das Wild braucht seine Chance.

Obwohl ich keine Sau zur Strecke bringen konnte, war ich mit meiner Ausbeute beim Locken mehr als zufrieden. Mein Hut war auch immer schwerer geworden, und mittlerweile tropfte es bereits von der Krempe vor meinem Gesicht herunter. Auch mein Wetterfleck hatte an Gewicht zugenommen, denn es hörte und hörte nicht auf zu regnen.

Überläufer spritzt über Schneise, Haltepunkt grün, Trefferbereich rot.

Endlich war das Treiben vorbei, und eilig ging es zum Geländefahrzeug. Werner hatte nur einen Überläufer erlegen können, obwohl ihm so viele Sauen angewechselt waren. Seine Doppelbüchse hatte ihm beim Schießen eine gewischt, denn er „schweißte" im Nasenbereich. Hätte ich seinen Stand gehabt, wäre die Ausbeute vielleicht eine andere gewesen. Teddy hatte zwei Sauen erlegen können und einen Monsterkeiler beschossen, jedoch erfolglos. Bevor es zum nächsten Treiben ging, gab es einen Zwischenstopp bei einem Lagerfeuer, das schon für das Mittagessen gerichtet war. Jeder versuchte, so gut es ging, seine nasse Kleidung ein wenig zu trocknen, was aber nur bedingt gelang. Trotz des Regens waren alle bei guter Laune, und wir wärmten uns auch noch mit heißem Tee. Der Jagdleiter wollte den Königstrieb aufgrund des schlechten Wetters auf den nächsten Tag verschieben und nur mehr das geplante dritte Treiben durchführen und danach abbrechen. Es wurde heftig diskutiert, was sinnvoller war, gleich abzubrechen oder doch noch ein Treiben durchzuführen!?! Die Entscheidung fiel so aus, dass doch noch

Beschossener Frischling, bei diesem „Speed“ muss der Haltepunkt (grün) vor dem Gebrech sein, damit dieser auch zur Strecke kommt.

ein Treiben abgehalten wurde, und zwar das geplante dritte Treiben. Eine weise, vernünftige Entscheidung, denn ich kannte den Königstrieb, der wäre bei diesem Wetter eine einzige Enttäuschung geworden.

Nach der Pause beim Feuer ging es zum nächsten Treiben. Diesmal ließ ich meinen Rucksack und meine Nikon im Geländefahrzeug des Anstellers. Wir, Rudolf, Teddy, Seppi und ich, gingen mit unserem Ansteller diesmal zu Fuß zu den eingeplanten Ständen. Letztere wurden im Vorfeld vom Jagdleiter strategisch gut gewählt und gekennzeichnet. Die Stände in meiner Schützenreihe befanden sich im Buchenaltholzbestand mit Sicht auf eine im Hang gegenüber liegende Buchendickung. Auch diesmal erschien mein Stand erfolgsversprechend. Ich nahm auf meinem Dreibein Platz und legte den nassen Wetterfleck über meine Schultern. Bei diesem Stand ein vertrautes Grunzen nachzustellen, wäre aufgrund der Geländebeschaffenheit (zu großer Abstand zur Dickung) vergebene Mühe gewesen. Ich war noch

Der Hundeführer ist im Unterwuchs gut sichtbar.

keine zehn Minuten auf meinem Stand und schon war der „Krieg“ im Anfangsbereich des Treibens ausgebrochen. Nach den Schüssen trollte eine Rotte Sauen eine ganze Schützenkette ab. Fast zwanzig Schüsse konnte ich zählen. Und zwischendurch war ein ganz eigenartiger Schuss zu vernehmen, etwa so wie ein Rohrkrepierer. Meinem Nachbarschützen Seppi war dieser eigenartige Schusslärm auch aufgefallen, denn er schaute schulterzuckend zu mir herüber. Und wieder wurde das Feuer am Anfang des Treibens eröffnet, „Rums“, „Rums“ und abermals „Rums“. Anscheinend durchbrachen die Rotten die Treiberlinie nach hinten.
Mittlerweile hatte es endlich zu regnen aufgehört, nur die Blätter von den Bäumen ließen zwischendurch noch ihre Wassertropfen zu Boden fallen. Die Sicht hatte sich auch maßgeblich gebessert, und die Vegetation wirkte reingewaschen, was sie ja schlussendlich auch war. Unter mir tauchte ein Fuchs auf und schlich in die Richtung meines Standnachbars Seppi. Der Fuchs war ihm schon sehr nahe gekommen, aufgrund des Geländes konnte

Seppi ihn jedoch noch nicht in Augenschein nehmen. Erst als der Fuchs sich bis auf zehn Meter an ihn herangeschlichen hatte, erblickte Seppi ihn. Seppis Bewegungen waren aber so ruckartig, dass der Fuchs gewarnt war und blitzartig und unbeschossen das Weite suchte.
Der Wind frischte auch wieder auf, und die Sonne schob sich langsam durch die offenen Wolkenfelder. Die Treiber wurden immer besser hörbar, und schon blitzte die eine oder andere Signaljacke von der Dickung am Gegenhang. Die ersten Sonnenstrahlen leuchteten auf den Gegenhang und vermittelten mir wieder Wärme und ein Glücksgefühl, obwohl mein Umhang und mein Hut durchnässt und schwer waren.
Die Treiber rückten über den Hang immer näher, und plötzlich schrien sie auf und eine Rotte fuhr aus. Nicht in unsere Richtung, sondern wieder zurück. Kurz darauf hörte ich schon wieder „Rums", „Rums" ..., insgesamt elf Mal.
Kurz bevor das Treiben aus war, kam noch einmal Spannung auf, denn wieder schrien die Treiber auf und die Hunde stellten eine Sau, die sich aber kurz darauf wieder in die andere Richtung verdrücken wollte. Nur der Nachbarschütze am Gegenhang war diesmal schneller und erlegte sie. Im zweiten Treiben waren nahezu fünfzig Schüsse abgegeben worden. Wir gingen wieder zurück zum Ausgangspunkt und zu unserem wärmenden Feuer.
Da sich das Wetter in der Zwischenzeit beruhigt hatte und die Sonne – zwar mit Unterbrechungen – immer wieder vom Himmel lachte, wurde wieder diskutiert und beraten, wie es denn an diesem Tag weitergehen sollte. Da es kurz vor 14.00 Uhr war, wurde aus Zeit- und Sicherheitsgründen auf ein weiteres Treiben verzichtet. Trotz der vielen Kugelschüsse lag nur ein Dutzend Sauen auf der Strecke. Bei den diversen Gesprächen erfuhr ich dann auch, dass Werner unbeabsichtigt beide Kugeln seiner Doppelbüchse im Kaliber 375 H&H Mag. auf eine Sau abgegeben hatte. Und wieder hatte ihm seine Büchse eine gewischt. Jetzt zierten also bereits zwei ordentliche Schrammen sein Gesicht.
Nach einer kräftigenden Suppe am Lagerfeuer fuhren wir zurück ins Jagdhaus. Jeder von uns war froh, endlich die nasse Bekleidung loszuwerden, die wir zum Trocknen auf den Heizkörpern im Jagdhaus verteilten.

Die Sonne brachte wieder Leben in den Wald.

Für den nächsten Tag musste die gesamte Jagdausrüstung wieder voll funktionstüchtig sein. Bis zum Abendessen wollten wir uns alle noch etwas ausruhen, und so gingen alle auf ihre Zimmer. Herwig, Robert und ich zogen es jedoch vor, die Sauna im Jagdhaus in Betrieb zu nehmen und wir gönnten uns einige Aufgüsse, was – da wir bis auf die Knochen nass waren – nicht schaden konnte. Das Abendessen war für 18.30 Uhr angesetzt. Nach der Vorspeise und der Suppe gab es ein „Gansl“ vom Feinsten, und auch ein Nachtisch durfte nicht fehlen. Wieder einmal hatte keiner die Tagesstrecke erraten, und so gab es für den vierten Jagdtag wieder einen Jackpot. Herwig nahm gleich an diesem Abend die Wetten für den letzten Tag entgegen. Mit der Zahl 18 trug ich mich in die Wettliste ein. Rudolf mit 24 und so weiter. Als Werner an der Reihe war, tat er kund, dass er auch die Zahl 24 haben wollte. Herwig versuchte ihm zu erklären, dass dies nicht mehr möglich sei, denn diese Zahl war schon vergeben. Beleidigt und ohne einen Tipp abzugeben, ging Werner wieder zurück zu seinem Stuhl. Nach einiger Zeit fragte Herwig Werner nochmals um seinen Tipp und der Werner sagte: „Gut, dann nehme ich die 3.“ Herwig konnte ihn nach langem Zögern doch noch dazu überreden, die Zahl 30 zu nehmen. Wir saßen alle noch kurz beisammen, redeten über dieses und jenes, gingen dann aber zeitig zu Bett, da wir alle von den Strapazen des Tages gezeichnet waren.

4. Jagdtag

Morgendliche Treibjagdstimmung

Noch vor dem Frühstück gingen alle auf die Suche nach ihren getrockneten Kleidungsstücken. Die Nacht war klar und kalt gewesen, und daher bot sich uns an diesem Morgen eine reifüberzogene Landschaft. Für heute war der Königstrieb geplant. Nach dem Frühstück folgten die üblichen Ein- und

Idealer Bereich zum Locken während einer Treibjagd

Unterweisungen. Auf der Hinfahrt zum ersten Treiben mit dem Ansteller saß ich im Geländewagen hinter Teddy und genoss – nach dem gestrigen verregneten Tag – den beeindruckenden Sonnenaufgang. Unser Ansteller musste außer uns beiden auch noch Philipp und Stefan anstellen. Als erster bekam Philipp seinen Stand mit der Nr. 11 zugeteilt, danach Stefan den Stand Nr. 12, dann Teddy Nr. 13 und ich Nr. 14. Auf den Ständen 11 bis 13 hatte ich schon in den Jahren zuvor mit meinen Lockversuchen Erfolge verzeichnen können. Das Treiben sollte aufgrund der Größe des Gebietes 3 bis 4 Stunden dauern.

In meiner Schneise fand ich ideale Voraussetzungen vor, um meine Lockinstrumente einzusetzen. Die Schneise hatte eine Breite von fünf bis maximal sieben Metern. Links und rechts davon Buchenmast mit einer Höhe von zwei bis vier Metern, die kaum einsehbar war. Ich nahm auf meinem Sitz, der nur drei Sprossen hatte, Platz und richtete meine Waffe und meine Lockinstrumente.

Frischling trollt über die Schneise.

Mein Schussfeld war jedoch sehr eingeschränkt. Zwanzig Meter nach links und keine fünfzehn Meter nach rechts. Wenn hier eine Sau über die Schneise brausen würde, musste man schon ein guter Schütze sein, um sie aufzuhalten. Mit dem Locken jedoch hat man die Chance, dass Sauen vertrauter die Schneise passieren, und man hat dadurch mehr Zeit zum Ansprechen bzw. zur Schussabgabe.
Der Wind war gut, und so begann ich mit den ersten vertrauten Grunzern. Ich richtete mich mit der Waffe nach rechts, auf die kurze Distanz, da ich auf die lange und breitere ohnedies mehr Zeit zum Reagieren hatte. Im linken Augenwinkel machte ich alsbald einen Überläufer aus, der sich langsam aus der Dickung schob und versuchte, die Schneise zu queren. Ich drehte mich nach links, und mein Leuchtpunkt hatte im letzten Moment das Ziel erfasst. Noch bevor der Frischling in der Dickung verschwinden konnte, machte es „Rums".

Wie es aussah, hatte ich mein Ziel nicht verfehlt. Plötzlich vernahm ich eine Unzahl von Schüssen und Dubletten aus allen Richtungen. Es war beeindruckend, wie es ringsum krachte. Auch meine Nachbarschützen gaben mit einigen Schüssen in der Folge so richtig Gas. Nach etwa einer Viertelstunde kehrte jedoch wieder Ruhe ein. Jetzt war ich wieder dran mit meinem vertrauten Grunzen. Nach den vielen Schüssen mussten einige führungslose Sauen unterwegs sein, kam es mir in den Sinn. Keine zwei Minuten vergingen nach meinem letzten Grunzen, da erschien seelenruhig wieder ein Überläufer in der Schneise. Diesmal jedoch viel zu nahe am Sitz. Eine Schussabgabe war nicht möglich, da ich komplett auf der falschen Seite des Standes stand. Langsam und vorsichtig bewegte ich mich vom rechten Rand meines Standes zum linken, um dem Überläufer, der unter mir verhoffte, eine Kugel anzutragen. Meine Bewegungen am Stand waren zu viel für den Überläufer und er versuchte zu entkommen. Bevor er jedoch in der Dickung verschwinden konnte, schlug bereits mein ACCUBOND-Geschoss am Wildkörper auf. Wieder konnte ich nicht exakt feststellen, wo der Überläufer in der Dickung lag. Auch in meinem Umfeld waren in der Folge weit über zehn Schüsse zu hören, danach war wieder Ruhe.
In der Zwischenzeit hatte es aufgefrischt, und die Temperatur begann zu sinken. Der Atem aus meinem Mund wurde zu weißem Hauch. Weil es so hervorragend mit dem Locken lief, versuchte ich es mit einem weiteren vertrauten Grunzen. Diese Serie war jedoch erfolglos. Der Wind begann sich zu drehen, was sich negativ auf das Locken auswirkte. Dennoch gab ich noch nicht auf und versuchte es mit einem Grunz-Grunz-Konzert. Zwar sah ich noch kein Stück Schwarzwild, aber meine Nase, die sehr sensibel ist, sagte mir, dass sich irgendwo in unmittelbarer Nähe eine Sau aufhalten musste. Plötzlich erblickte ich am Dickungsrand die Konturen eines Stückes Schwarzwild. Ich richtete vorsichtig meine Waffe in die Schneise für den Fall, dass die Sau diese queren würde, dann wollte ich parat sein. Diesmal war ich wohl zu eifrig, denn die Sau zog es vor, wieder zurück in den Einstand zu flüchten. Möglich, dass sie mich in den Wind bekommen hatte, da dieser ja ständig drehte. Von meinem Nachbarschützen Teddy hörte ich kurz darauf eine Dublette mit einem dumpfen Kugelschlag. Die Treiber kamen auch wieder schreiend immer näher, und von den

Der Keiler versuchte der Hundemeute zu entkommen, er entkam jedoch nicht dem Geschoss von Stefan.

Hunden hörte ich ständig Stand- und Hetzlaute. Die Treiber schrien auf, und schon wieder begann die Knallerei. In der Zwischenzeit war mir in den Gummistiefeln schon kalt geworden. Als sich die Treiber in der Schneise befanden und das erlegte Wild aus den Dickungen in die Schneise zogen, nützte ich die Gelegenheit und steckte Wärmebeutel, die ich immer in meinem Rucksack bei mir trage, in meine Stiefeln. Mein Stand und die Stände meiner Standnachbarn wurden von den Treibern – unter Anleitung eines Berufsjägers – auf die andere Seite der Schneise getragen und im Anschluss daran wurde das Treiben wieder fortgesetzt. Jetzt sah ich auch Stefan auf Stand Nr. 12, zweihundertfünfzig Meter oberhalb von mir. Die Temperatur sank weiter, der Himmel zog sich wieder zu, und der Wind trieb auch unkontrolliert sein Unwesen. Nachdem die Treiberstimmen verstummt waren, versuchte ich es wieder mit einem vertrauten Grunzen. Ich war

gerade fertig mit meinem Locken, da hörte ich schon wieder „Rums", „Rums" von meinem Nachbarschützen.
Kaum zehn Minuten waren vergangen, da kamen Hundelaute immer näher und näher. Es hörte sich an, als ob sie eine Sau den Hügelrücken entlang jagen würden. Zwischendurch stellten sie sie immer wieder. Meinem Gefühl nach musste das Stück Schwarzwild mit der Hundemeute oberhalb von Stand Nr. 12, also bei Stefan, die Schneise queren. Ich legte mein Gewehr zur Seite und nahm meine Nikon zur Hand, richtete das Objektiv in die Schneise und schon war ich am Drücker, als eine grobe Sau diese queren wollte. Zur selben Zeit jedoch beschoss Stefan diese Sau und traf sie auch. Ob aus meinen Kameraschüssen etwas geworden war, davon musste ich mich umgehend überzeugen. Nicht schlecht, die Aufnahmen auf diese Entfernung. Ich war auch von meinen „Schüssen" begeistert. Stefan hatte einen guten Keiler beschossen, das sagten mir meine Bilder.
Nachdem ich meine Kamera weggelegt hatte, brach bei den Brustschützen, die gut zwei Kilometer entfernt waren, wieder der „Krieg" aus, „Rums", „Rums" und abermals „Rums" ...! Inzwischen waren wir schon seit über 3 Stunden auf unseren Ständen. Lange konnte das Treiben nicht mehr dauern, und daher musste ich noch einen letzten Versuch mit dem Weisskirchen-Saulocker starten. Da der Wind laut war und noch dazu kreiselte, fiel mein Grunzen etwas kräftiger aus. Jetzt würden wir sehen, ob sich die eine oder andere Sau in meiner Nähe abgestellt hatte. Man sollte die Hoffnung bis zum Schluss nie aufgeben, denn oft schon kam noch kurz vor dem Abblasen eine Sau zurück. Wenn sich auch nur die geringste Chance bietet, sollte man sie nutzen. Plötzlich schaute mich ein Frischling, den ich durch die Windgeräusche nicht hatte kommen hören, spitz aus der Dickung verhoffend an. Da ich zuerst meinen Locker ablegen musste und dann erst zur Waffe greifen konnte, war ich natürlich zu langsam. Der Frischling drehte sich um und verschwand unbehelligt in der Dickung. Es vergingen keine zwei Minuten, da vernahm ich eine Dublette von meinem Standnachbarn Teddy, danach wurde es wieder ruhig. Je nachdem, wo man bei einer Bewegungsjagd steht, kann man mit dem vertrauten Grunzen sehr oft Erfolg haben. Vor allem Überläufer und Frischlinge, die von einer Rotte gesprengt wurden, orientieren sich an dem vertrauten Grunzen und

Bei diesem Treiben kamen einige Sauen zur Strecke.

stehen oft punktgenau zu. Endlich war das Signal „Jagd vorbei“ zu hören, fast wie eine Erlösung, denn dieses Treiben hatte fast 4 Stunden gedauert. Der Königstrieb hatte uns über Jahre immer eine krönende Strecke beschert. Jeder in meiner Schneise hatte ein Weidmannsheil. Stefan hatte gleich vier Sauen zur Strecke gebracht, unter anderem auch den von mir fotografierten Keiler. Insgesamt lagen nach diesem Treiben dreiunddreißig Sauen und ein Fuchs. Eine gute Leistung für vierzehn Schützen. Nach diesem Treiben fuhren Teddy, Georg und ich wieder zurück nach Hause. Georg mussten wir unterwegs am Flughafen absetzen. Bei den zwei Nachmittagstreiben, die wir durch unsere vorzeitige Abreise verpasst hatten, kam nur mehr ein einziger Keiler zur Strecke. Und wieder waren aufregende spannende Treibjagdtage zu Ende, bei denen ich einiges an Erfahrung in puncto Locken gewonnen hatte. Werner hatte dank der Überzeugungskraft von Herwig mit der Nummer 30 (war am nächsten) den Jackpot geknackt.

Welche Jägerin bzw. welcher Jäger hätte nicht mit so einem urigen Keiler seine Freude.

Starker Mondnachtkeiler

Mondnächte

In den Mondnächten, wenn der Boden nicht zu laut ist, pirsche ich gerne durch Altholzbestände, entlang von abgeernteten Feldern, Waldrändern und Schneisen auf der Suche nach brechenden Sauen. Dabei habe ich immer den Weisskirchen-Saulocker und meinen Grunz-Grunz-Glaslocker dabei. Der Mond war noch nicht ganz voll, als ich mich schon zeitig auf den Weg zu einer Kirrung machte. Kurz bevor die Dunkelheit hereinbrach, nahm ich meinen Glaslocker zur Hand und versuchte es mit dem vertrauten Grunzen. Da sich nichts rührte und der Mond in der Zwischenzeit die Schneise, in der sich die Kirrung befand, ausleuchtete, versuchte ich mit dem Weisskirchen-Saulocker hungrige Frischlinge zu imitieren. Kurz darauf erschien ein Stück Schwarzwild zwischen Hochstand und der Kirrung am Rand der Schneise. Nach dem Wildkörper zu urteilen, musste es ein grober Keiler sein. Bei genauer Betrachtung stellte ich fest, was für ein starker Keiler da spitz zu mir verhoffte. Im Mondlicht sah ich zwischendurch immer wieder seine Waffen blitzen. Wie versteinert verhoffte er nach wie vor in meine Richtung. Der wusste genau, woher die Lockrufe gekommen waren. Vorsichtig nahm ich meine Waffe, ein K 98 im Kaliber 9,3 x 62, zur Hand. Als ich den Leuchtpunkt meines Zielfernrohres auf der Stirn des Keilers fixiert hatte, schob er sich nach vorne und war kurz vor dem Abspringen. Schnell justierte ich meinen Leuchtpunkt nach, und unaufhaltsam flog das Geschoss aus dem Lauf. Der friedliche Abend wurde durch den Büchsenknall nur kurz gestört. Das Mündungsfeuer hatte mich so stark geblendet, dass ich vorerst nichts sehen konnte. Kurz darauf hatten sich meine Augen aber wieder der Situation angepasst. In meinem Swarovski EL 8,5 x 42 sah ich eine riesige Sau in der Schneise liegen, die sich nicht mehr rührte. Aufgrund dessen, dass ich dem Keiler die Kugel auf die Stirn angetragen hatte, lag er im Feuer. Das Risiko, die Kugel seitlich vor dem Schild einzufädeln, war mir einfach zu groß, da er mir zu spitz zustand. Nach einigen Minuten des Zuwartens bestaunte ich einen groben Keiler. Die Waffen standen gut zehn Zentimeter heraus, und die Haderer

Dieser Nachtkeiler kann sich sehen lassen.

waren stark und gut gekrümmt. Der Wildkörper wog unaufgebrochen an die zweihundert Kilo. Was für ein Keiler! Nachdem ich ihn lange genug bestaunt hatte, holte ich den Geländewagen. Mithilfe der Seilwinde am Geländewagen zog ich den Keiler auf die Ladefläche. Alleine schindet man sich trotz Seilwinde, bis man die Sau dort hat, wo man sie haben will.
Beim Jagdhaus brach ich ihn auf und kurze Zeit später war der aufgebrochene, 152 kg schwere Keiler in der Kühlung. Nachdem ich wieder alles gereinigt hatte und der Aufbruch entsorgt war, zog es mich nochmals raus in die herrliche Mondnacht. Ich pirschte einige hundert Meter bei gutem Wind einen Forstweg entlang. Ich blieb dabei zwischendurch immer wieder stehen und suchte mit meinem Fernglas den Forstweg ab, ob nicht doch ein oder mehrere Stück Schwarzwild im Randbereich des Weges nach Nahrung

suchten. Ich sah beim Pirschen immer wieder aufgebrochene, umgewühlte Bereiche, aber Sau war keine zu sehen. Eine Zeit lang war ich schon wieder draußen unterwegs, und es war schon kurz vor Mitternacht. Der Forstweg führte in der Verlängerung durch ein bereits abgeerntetes Feld. Bevor ich den Waldbereich verließ, suchte ich abermals mit dem Fernglas zuerst das linke und danach das rechte Feld ab. Auf gut vierhundert Meter erkannte ich einige Stück Schwarzwild, die emsig nach Nahrung suchten. Eine weitere Chance für mich, zu einer Sau zu kommen, hatte sich aufgetan. Ich näherte mich ohne Probleme auf gut einhundertfünfzig Meter und beobachtete wieder das Treiben der Sauen in dieser wunderbaren Mondnacht. Es waren insgesamt elf Stück und der Größe nach zu schließen eine sehr starke Bache, vier Überläufer und sechs Frischlinge. Nachdem ich mich hingekniet hatte, testete ich mit dem vertrauten Grunzen, wie gut mich die Sauen in der stillen, klaren Nacht registrieren würden. Meine Lockrufe mit dem Grunz-Grunz-Glasruf und dem Weisskirchen-Saulocker wurden von den Sauen umgehend wahrgenommen, sie setzten jedoch ungeniert ihr Brechen nach Nahrung am Feld fort. Einen starken Keiler hatte ich schon in der Kühlung und deshalb ging ich auf Risiko und wollte sehen, wie weit ich grunzend an die Sauen herankommen konnte. Gebückt näherte ich mich bei windstillen Verhältnissen den Sauen und grunzte immer wieder vor mich hin. Aufgrund meiner gebückten Haltung und meines vertrauten Grunzens nahmen die Sauen kaum Notiz von mir. Ab und zu blickte eine in meine Richtung und brach aber gleich wieder weiter am Feld. Ich war in der Zwischenzeit auf gut dreißig Schritte herangekommen und grunzte jetzt sitzend. Die Sauen waren mit sich selber so beschäftigt, dass ich für sie – aufgrund meines Grunzens – keine Gefahr darstellte. Im Fernglas beobachtete ich eine Sau um die andere und suchte mir einen Überläufer für die Küche aus, der etwas abseits den Feldboden bearbeitete. Kurz darauf brach dieser im Feuer mit einem Küchenschuss zusammen. Dadurch, dass die Sauen mit dem Umbauen des Feldes so beschäftigt waren, nahmen sie vom Knall nur kurz Notiz. Eine weitere gute Chance für mich, denn schon lag der zweite Überläufer. Nach diesem Schuss wurde es der Bache doch zu viel und sie verließ mit ihrem restlichen Anhang die Bühne und flüchtete in den angrenzenden Wald. Für diese Nacht war auch mein Jagdtrieb ausreichend gestillt, denn mit einem starken Keiler, der nach dem Abkochen links 23,9 cm und rechts 22,4 cm hatte, sowie zwei Überläufern für die Küche hatte ich meine Erwartungen sogar übertroffen. **Glauben Sie ja nicht, es geht bei mir immer so leicht. Es gibt natürlich auch Nächte, da gehe ich ohne Sau nach Hause.** In der Rauschzeit bringe ich das vertraute Grunzen hauptsächlich in Altholzbeständen zum Einsatz. Wichtig dabei ist natürlich, dass Spuren vorhanden sind, die auf Schwarzwild hinweisen, wie z. B. aufgewühlter Waldboden. Je mehr der Waldboden aufgebrochen ist, desto wahrscheinlicher ist es, dass man in einer Mondnacht in diesem Gebiet zu einer Sau kommt.

Anfang Dezember, vier Tage vor Vollmond, bei wenig Schnee, war ich wieder unterwegs in einem sehr alten Eichenwald mit einer Größe von weit über einhundert Hektar. Rings um diesen Wald befanden sich abgeerntete und umgebaute Felder. In diesem Jahr fanden die Sauen im Wald – aufgrund eines Mastjahres – mehr Nahrung als auf den abgeernteten Feldern. Ich pirschte einen Forstweg entlang, und alle dreißig bis vierzig Meter suchte ich mit meinem Fernglas die Gegend nach Sauen ab. Gespenstisch war es im Wald durch die Licht-Schatten-Spiele, die der Mond verursachte. Nach gut zweihundert Metern verharrte ich neben einer alten Eiche und stellte ein vertrautes natürliches Grunzen mit dem Eifel-Grunzlocker nach. Nachdem sich zwanzig Minuten nichts gerührt hatte, pirschte ich immer in Abständen zwischen dreißig und vierzig Metern weiter, machte eine kleine Pause und setzte meinen Weg vorsichtig und aufmerksam fort. Nach acht Intervallen stellte ich mich abermals zu einer alten Eiche und versuchte es nochmals mit dem vertrauten Grunzen. Dazu bewegte ich mit dem Gummistiefel das Laub hin und her und wartete wieder zu. Schon fünf Minuten später erblickte ich eine Sau, die sich von Baum zu Baum gedeckt in meine Richtung bewegte. Das Fernglas zeigte mir eine starke einzelne Sau. Auf gut dreißig Schritte Entfernung erkannte ich dann, dass es sich um einen suchenden Keiler handelte.

Diesmal hatte ich meine Scheiring-Doppelbüchse Side by Side im Kaliber 8 x 57 JRS dabei. Als ich die Waffe bereits im Anschlag hatte, blieb der Riesenkeiler plötzlich hinter einer Eiche mit gut einem Meter Durchmesser stehen und bewegte sich nicht mehr von der Stelle. Aufgrund der kurzen

Beachtlich starker Keiler im Körper und in den Waffen
Waffenlänge 22,1 cm links und 22,7 cm rechts

Distanz zur Sau konnte ich nicht mehr locken, sondern musste zuwarten, bis sich der Keiler aus seiner Deckung schob. In der Zwischenzeit waren schon ca. drei Minuten vergangen, eine unendlich lange Zeit, wenn man mit der Waffe im Anschlag nur mehr darauf wartet, den Schuss abgeben zu können. Was sich da in mir abgespielt hat, kann nur ein passionierter Saujäger nachfühlen und verstehen. Nur keinen Fehler jetzt, geisterte es ständig in meinem Kopf herum. Mein Leuchtpunkt war auf die alte Eiche gerichtet, damit ich nur ja keine Zeit verlieren würde, wenn der Keiler seine Deckung aufgab. Im Zielfernrohr beobachtete ich, wie er vorsichtig seinen Kopf seitlich der Eiche vorschob und in meine Richtung verhoffte.

Auch die Waffen mit 22,1 cm und 22,7 cm sind nicht schlecht ausgefallen.

Mehr war nicht zu sehen, aber das reichte schon, und mein Geschoss durchdrang auch schon die Stirn des Keilers, der in sich zusammenfiel und nur noch einige Male schlegelte. Einen Schuss auf solch eine kurze Distanz auf die Stirn verkraftet kein Stück Schwarzwild. Bald schon stand ich bei meinem gestreckten Keiler, der aufgebrochen 142 kg auf die Waage brachte. Man kann in den Mondnächten das Locken (vertrautes Grunzen) beim Pirschen sehr gut einsetzen.

Uriger Keiler

Was wird der heutige Treibjagdtag bringen?

Regen-Treibjagd

Bei leichtem Nebel und Nieseln machte ich mich um 05.30 Uhr auf den Weg zu meinem Jagdfreund Hermann. Ich war etwas angeschlagen von der Jagd am Vortag, denn ich war Gamsjagen und konnte nach einer Überwindung von ca. 800 Höhenmetern eine über Jahre nichtführende Gamsgeiß mit 14 Jahresringen erlegen. Jede Menge Eigenschweiß hatte mich diese Jagd gekostet, und eine anständige Verkühlung hatte ich mir auch geholt. Geht es jedoch um eine Saujagd, kann mich auch eine Verkühlung nicht davon abhalten, daran teilzunehmen. Nach einer halben Stunde gemütlicher Autofahrt traf ich bei Hermann ein, aber nun begann eigentlich erst die Anreise ins Revier, das ca. 200 km entfernt lag. Als Beifahrer konnte ich es mir gemütlich machen. Meine Stimme schonte ich, denn sie war etwas rau, und auch mein Hals schmerzte beim Schlucken.
Die Autofahrt verlief problemlos, und beim vereinbarten Treffpunkt angekommen, wurden wir schon von einigen Jagdfreunden erwartet, die natürlich nicht umhin kamen, meine Stimme zu kommentieren. An dieser Jagd nahm ich nicht als aktiver Schütze teil, sondern zum ersten Mal nach Langem wieder als Standbegleiter (natürlich wollte ich auch meine Lockversuche starten, was aber noch mein Geheimnis war) für meinen Jagdfreund. Als die Jagdgesellschaft vollzählig versammelt war, folgte die Ansprache des Jagdleiters, die Stände wurden verlost, die Geländefahrzeuge zugewiesen, eben das übliche wichtige Prozedere, das ich schon mehrfach beschrieben habe. Erwähnen möchte ich dennoch, dass der Jagdleiter vorbildlich auf die Sicherheitsvorschriften hingewiesen hat. Diesmal waren wieder nur die Schwarzkittel und die Füchse frei zum Abschuss.
Die Forststraßen waren aufgrund des unbeständigen Wetters aufgeweicht und sehr schlecht befahrbar. Wir wurden für das Vormittagstreiben zu unserem Stand mit der Nr. 4 gebracht. Der Stand und die Sitzbank waren durchnässt. Wir entschieden uns, stehen zu bleiben, und stellten das Sitzbrett auf. Der Stand befand sich auf einer Forstwegkreuzung mit vier möglichen Schussrichtungen bis auf maximal einhundert Meter. Für

Nach dem Beschuss beschleunigt diese Sau, was geht.

zwei Personen war dieser Stand ideal, denn jeder von uns hatte nun zwei Richtungen, die er im Auge behalten musste. Mein Freund führte seine Ferlacher Bockdoppelbüchse im Kaliber 30 R Blaser. Viel zu schade bei diesem Sauwetter, denn in der Zwischenzeit hatte es wieder leicht zu nieseln begonnen. Ich hüllte mich mit meinem Wetterfleck ein und darunter versteckte ich „meine Waffe", damit sie nicht nass wurde, nämlich meine Nikon mit einem lichtstarken Objektiv. Auch den Weisskirchen-Saulocker hatte ich sicher in meiner Jackentasche verstaut. Wir hatten unsere Positionen am Stand und die Verständigungszeichen festgelegt, für den Fall, dass eine Sau anwechseln würde.
Und schon begann die Ballerei im Umfeld, nur bei uns rührte sich noch nichts. Auf dreihundert Meter sah ich eine Rotte, angetrieben und beschleunigt durch zwei Schüsse, über den Forstweg spritzen. Nachdem es wieder ruhig geworden war, sah ich meine Zeit gekommen, um ein

vertrautes Grunzen nachzustellen. Mein Freund sah ganz verdutzt drein, als er meinen Versuchen folgte, und fragte mich, warum ich auch bei einer Treibjagd meine Lockrufe einsetzen würde? Ich erklärte ihm kurz, welche Laute Schwarzwild von sich gibt und dass ich versuche, diese Laute nachzuahmen, und schon schob sich ein Überläufer seelenruhig auf den Forstweg, verhoffte in unsere Richtung und passierte diesen unbeschossen. Hermann flüsterte erstaunt: „Das funktioniert ja wirklich!“ Ich setzte sofort noch einige Grunzer hinterher in die Richtung, in die der Überläufer in die Dickung verschwunden war. Und schon erblickte ich ihn wieder, wie er sich auf den nächsten Forstweg auf keine dreißig Schritte in unsere Richtung zubewegte. Ich verständigte meinen Freund durch Klopfen auf seine Schulter und zeigte mit der Hand Richtung Forstweg. Schon erschien der Überläufer am linken Forstwegrand und verhoffte abermals zu uns. „Warum schießt er nicht?“, ging es mir durch den Kopf. Der Überläufer indessen bewegte sich ohne Hektik weiter über den Forstweg und verhoffte vor der Dickung ein zweites Mal. Ich hatte in der Zwischenzeit mit meiner Nikon schon einige Aufnahmen gemacht, bis endlich die Bockdoppelbüchse meines Freundes zum Einsatz kam. Gezeichnet verschwand der Überläufer in der Dickung neben dem Forstweg. Mein Freund fragte mich sofort, ob er die Sau auch getroffen hätte? „Ja, Du hast sie getroffen, jedoch ziemlich weit hinten“, war meine Antwort. Und wieder vernahm ich in der Folge einige Schüsse mit eindeutigen Kugelschlägen von unseren Nachbarschützen, die sich summierten, wodurch wiederum bei mir die Chance für ein erfolgsversprechendes Locken erhöht wurde, da die eine oder andere führungslose Sau in der Dickung stecken konnte und nur auf ein vertrautes „Signal“ wartete. Ich setzte also einige vertraute Grunzer Richtung Dickung ab. Schon bewegten sich drei Überläufer bis auf fünfzehn Meter aus der Dickung, verhofften in unsere Richtung und wollten den Forstweg überqueren. Eine gute Chance für meinen Freund. „Rums“, „Rums“, sprach seine Bockdoppelbüchse. Eine Sau blieb neben dem Forstweg liegen, die zwei anderen flüchteten über den Forstweg und verschwanden in der Dickung.

Kurz darauf folgten die nächsten Schüsse und abermals Schüsse. Die zwei Sauen gerieten offenbar auf der Flucht vor uns in einige andere

Beschleunigte Sauen passieren den Forstweg.

Schützenfeuer. Konzentriert beobachteten wir wieder unsere Forstwegbereiche. Wie hingezaubert stand plötzlich eine starke Sau keine dreißig Meter neben dem Weg und verhoffte zu uns. Auf die ruckartige Bewegung von Hermann spannte die Sau ein und flüchtete unbeschossen über den Forstweg. Kurz darauf folgte eine zweite starke Sau, diese beschoss zuerst unser Standnachbar, jedoch leider ohne Erfolg. Als die Sau in unseren Schussbereich kam, versuchte Hermann sein Glück und beschoss sie. Ein klatschender Kugelschlag war zu hören, die Sau stürzte in den Graben und drehte sich einige Male im Kreis. Sie war angeschweißt, befand sich nun aber im Schussverbotsbereich, sowohl für uns als auch für unseren Nachbarschützen.

Einen Fangschuss in diese Richtung abzugeben, war somit aus Sicherheitsgründen nicht möglich. Kurz darauf schleppte sich die Sau auch noch in die Dickung. Meiner Meinung nach hatte sie einen Keulenschuss. Während

Eine Sau bricht hinten ein, ein typischer Keulenschuss.

die Sau beschossen wurde, machte ich sogar einige Aufnahmen. Die Fotos bewiesen eindeutig, dass der Nachbarschütze ca. einen Meter hinten vorbei geschossen hatte und der Schuss von Hermann unglücklicherweise die Keulen erwischt hatte. Schon nach fünf Minuten kamen die Treiber und Hundeführer den Forstweg entlang. Ein Hundeführer erlöste die weidwunde Sau. Es fing auch stärker zu regnen an. Was für ein unfreundliches Wetter, jetzt war es mit dem Locken und Fotografieren endgültig vorbei. Mein Instrument und meine Nikon brachte ich in Sicherheit. Das Locken hatte jetzt keinen Sinn mehr, da der Regen zu viel Lärm verursachte. Für ein erfolgreiches Locken brauche ich im Umfeld immer kurz Ruhe, damit mich die Sauen auch hören können. Und es fing immer mehr zu regnen an. Ein ideales Wetter, um meine Verkühlung zu intensivieren. Mein Freund und ich schauten uns an, allein unsere Blicke sagten mehr als tausend Worte. Auch in unserem Umfeld waren kaum noch Schüsse zu vernehmen.

Dreieinhalb Stunden dauerte dieses Treiben nun schon. Mein Wetterfleck hatte aufgrund des Niederschlages zwar an Gewicht zugenommen, darunter war ich jedoch noch trocken. Endlich wurde das Treiben abgeblasen und wir konnten zum Mittagstisch aufbrechen. Eigenartigerweise war auch diesmal ein vorzeitiger Abbruch der Treibjagd (für diesen Tag) – trotz des schlechten Wetters – gar kein Thema unter den Teilnehmern.
Während des Mittagessens hörte es dann auch fast zu regnen auf. Nach einer einstündigen Mittagspause wurden die Stände für das Nachmittagstreiben neu verteilt. Wenig später war ich mit meinem Freund auf unserem zugewiesenen Stand. Über die Forststraße bot sich uns ein alter Eichenbestand mit Unterwuchs, neben uns eine Dickung und hinter uns ein frisch abgeholzter Bereich. Also nach rückwärts brauchten wir unser Augenmerk nicht richten. Wenn Sauen zustanden, dann über den Altholzbestand und den Forstweg in die Dickung. Das Treiben wurde angeblasen, und die Treiber waren schon zu hören, da sah ich, wie durch den Altholzbestand vier Sauen in unsere Richtung trollten. Auf fünfzig Meter drehten sie plötzlich und steuerten den Forstweg und die dahinter liegende Dickung an. Ich zeigte meinem Freund an, wo die Sauen den Forstweg queren würden, denn beim Hingehen zu unserem Stand waren wir dort an einem Hauptwechsel vorbeigekommen. Genau in diese Richtung trollten die Sauen, und nachdem die erste den Forstweg unbeschossen überquert hatte, folgte auch schon die zweite. „Rums", vorbei (!) und „Rums", getroffen (!). Die Sau streckte es in den Graben neben dem Forstweg, und die beiden anderen hatten wieder Glück und konnten unbeschossen den Forstweg passieren.
Mein Freund freute sich, dass er eine Sau erwischt hatte. Ein guter Schütze hätte möglicherweise zwei, wenn nicht sogar drei Stück zur Strecke gebracht. Wettertechnisch hatte sich in der Zwischenzeit auch einiges getan. Es zogen immer mehr dunkle, schwere Wolken gespenstisch am Himmel auf, und keine zehn Minuten später öffneten die Wolken ihre Schleusen. Starkregen prasselte vom Himmel. Die Wassertropfen, die auf einer Wasserpfütze aufschlugen, sprangen einige Zentimeter hoch. Ich zog meinen Wetterfleck noch enger um mich und schaute dem Treiben der Wassertropfen in der Wasserpfütze zu. Immer größer wurden die Wasserlachen, die unseren

Kurz darauf lag sie im nächsten Graben.

Stand umgaben. Natürlich hatte unser Stand kein schützendes Dach. Es verging Minute um Minute, und es hörte und hörte nicht auf zu regnen. Es goss wie aus vollen Kannen. Wenn es schon hieß, niemand verlässt den Stand während des Treibens, dann musste sich auch jeder daran halten. Laut Plan, den wir vom Jagdleiter erhalten hatten, waren wir nicht die äußersten Schützen. An ein Verlassen des Standes war daher aus Sicherheitsgründen nicht einmal zu denken. Plötzlich tauchten im Eichenaltholzbestand die Treiber in verschiedenfarbiger Regenbekleidung auf. Nun konnte das Treiben aber nicht mehr lange dauern. In meinem bisherigen Jägerleben hatte ich noch keinen Tag erlebt, an dem mein Wetterfleck und mein Hut bzw. mittlerweile auch die Bekleidung darunter so stark durchnässt waren wie bei diesem Treiben. Meine Nase fing auch vermehrt zu rinnen an, und auch der Husten gewann an Intensität. Meine Verkühlung vom Berg von gestern hatte heute im Tal noch einen Zuschlag bekommen.

Endlich war das Treiben zu Ende, und nass bis auf die Knochen mussten wir jetzt noch zu Fuß gut fünfhundert Meter zum Geländewagen zurückgehen. Aufgrund der Witterung war unser Transportmittel in der aufgeweichten Forststraße stecken geblieben. Per Fuß marschierten wir durch tiefe Wasserpfützen, gefüllt mit Schlamm, zurück zum Fahrzeug, das in der Zwischenzeit wieder auf sicherem Boden stand. Außer uns beiden mussten noch zwei weitere Schützen mitgenommen werden.
Im Geländewagen war es ruhig, kaum jemand sprach ein Wort. In einem Geländewagen, in dem es außer dem Fahrersitz noch vier weitere Plätze gibt, muss man auf der hinteren Sitzreihe schon anständig zusammenrücken. Mit trockener Kleidung kein Thema, mit einer schweren nassen Kleidung am Körper jedoch fühlte sich das fürchterlich an. Wieder bei unserem Ausgangspunkt angelangt, tauschte ich meine nassen Bekleidungsstücke sofort gegen trockene, die ich im Fahrzeug meines Freundes verstaut hatte. Auf die Streckenlegung wurde wegen des noch immer anhaltenden starken Regens verzichtet. Wir machten uns deshalb sofort wieder auf unseren Weg nach Hause. Gut, dass es im Fahrzeug meines Freundes eine Sitzheizung gab, die ich so richtig genoss. Zu Hause, als meine Frau die nassen Kleidungsstücke sah, meinte sie: „Wenn es um die Jagd geht, nimmst du nicht einmal Rücksicht auf deine Gesundheit!" Hätten wir bei dieser Treibjagd ein einigermaßen normales Wetter gehabt, hätten sicherlich viele Sauen auf mein vertrautes Locken reagiert (oder auch nicht?) und wären möglicherweise auch in unseren Schussbereich gekommen. Für meinen Jagdfreund war es trotz der Witterung ein Erlebnis, denn er war der erste von meinen Jagdfreunden, den ich in die Lockjagd bei Sautreibjagden eingeweiht habe.

Zustehender reifer Keiler

Rauschiger Keiler

Meine erste Sautreibjagd

Da ein Schütze wegen eines Unfalls für eine bereits organisierte Sautreibjagd in Ungarn ausfiel, überredete mich mein Jagdfreund Peter, für seinen verhinderten Jagdkollegen einzuspringen. Ohne zu zögern, sagte ich zu, denn es war damals für mich die erste Möglichkeit, an einer Sautreibjagd auf die Schwarzkittel teilzunehmen. Gerade in der Woche, in der die Treibjagd stattfand, war ich bis obenhin mit Arbeit zugeschüttet. Aus diesem Grund fuhr Peter mit mir und seinem Jagdterrier Eki am Vorabend der Treibjagd sehr spät von zu Hause weg. Nach einer dreistündigen Fahrt trafen wir gegen 23.00 Uhr im Jagdhaus ein. Peters Jagdfreunde amüsierten sich bereits beim Kartenspielen. Als Neuling wurde ich in der Runde vorgestellt und bekam einen Willkommenstrunk von den anwesenden Jagdkollegen spendiert. Ich musste feststellen, dass ich mit Abstand der Jüngste in der Runde war. Die Nacht verlief für mich sehr unruhig, denn ständig wachte ich auf und fieberte meiner ersten Sautreibjagd entgegen. Um sieben Uhr saß ich beim Frühstück, und eine Stunde später gab es vor dem Jagdhaus die Ansprache des Jagdleiters und die Zuweisung zu den Ständen und der Transportmittel ins Revier. Damals machte sich noch keiner Gedanken hinsichtlich der Sicherheit bei einer Treibjagd. Es gab noch kein Signalband für den Hut, geschweige denn eine Signaljacke für den Schützen. Beim ersten Treiben, bei dem ich voller Hoffnung auf einen Anblick wartete, sah ich außer den Treibern, die vereinzelt einen roten Stoffumhang trugen, nichts. Es waren auch keine Schüsse zu hören. Ehrlich gesagt hatte ich mir das alles ganz anders vorgestellt, zum Beispiel, dass eine Rotte nach der anderen bei mir vorbeitrollt. Nun, ich wurde gleich eines Besseren belehrt. Nach dem ersten Treiben kamen alle Teilnehmer wieder zusammen, keiner von uns hatte auch nur im Entferntesten eine Sau zu Gesicht bekommen. Und ab ging es zum zweiten zugewiesenen Standplatz in einem Buchenaltholzbestand. Linker Hand und hinter mir war eine Dickung. Ich setzte mich auf einen Baumstumpf, entfernte das Laub unter meinen Füßen und lud die geliehene Doppelbüchse im Kaliber 9,3 x 74R. Ich hörte kein Anblasen zum Treiben,

Herrliche Stimmung im Altholzbestand

da ging es schon rund hinter mir. Die ersten Sautreibjagdschüsse waren zu vernehmen. Und wieder folgten Schüsse auf Schüsse. Nervös saß ich auf meinem Baumstumpf mit der Waffe in der Hand. Seitlich von mir rauschte es in der Dickung, und das Rauschen wurde immer intensiver. Schon tauchte keine zwanzig Schritte vor mir eine Sau um die andere auf. Ich war total überrascht, denn mit so einer Lokomotive hatte ich jetzt nicht gerechnet. An die vierzig Sauen trollten vor mir durch den Altholzbestand. „Rums" – die erste Sau bei einer Treibjagd hatte ich schon gefehlt. „Rums", der zweite Schuss war aus dem Lauf und eine Sau schob sich ins Laub und verendete. Beim Nachladen der Doppelbüchse, die ich mir von Peter für diese Jagd ausgeborgt hatte, stand ich vor neuen Problemen, denn der Verschluss ließ sich nur sehr schwer öffnen. Grund war der, dass Peter die Patronen für die Doppelbüchse selber geladen hatte, aber immerhin vor mir im Laub lag ja schon meine erste Treibjagd-Sau. Wenn ein passionierter Saujäger

Meine erste Treibjagd-Bache mit meinem Standnachbarn Adolf

meinen Stand gehabt hätte, wären sicher mehrere Stücke zur Strecke gekommen. Mit meiner Erfahrung heute, nach fast drei Jahrzehnten, hätte ich mit Sicherheit zwei, wenn nicht sogar drei Dubletten angebracht. Bei diesem Treiben fielen an die neunzig Schüsse, aber die Ausbeute war eher bescheiden: zwei Keiler, eine Bache, fünf Überläufer und ein Rotwildkalb. Mein Freund Peter allein hatte davon vier Stück erlegt.
Bei diesem Treiben hatte ich immerhin auch eine Bache zur Strecke gebracht. Bis zu diesem Zeitpunkt war ich der Meinung gewesen, dass eine Bache die Rotte anführt. Aber bei dieser großen Rotte waren mehrere Bachen. Damals war ich noch zu unerfahren, und daher hatte ich auch nicht die richtige Sau erwischt. Vor der Jagd wurde vereinbart, dass sämtliche anfallenden Kosten nach beendeter Jagd brüderlich geteilt werden sollten. Im zweiten Treiben hatte ich wider Erwarten Glück, und ich erlegte auf zehn Meter einen Überläufer und einen Kugelfuchs.

Einen Fuchs bei einer Treibjagd zu erlegen, ist für mich immer etwas Besonderes.

Beim Mittagessen um eine riesige Feuerstelle im Freien wurden wir mit Glühwein, Bratwürsten und heißen Kartoffeln verwöhnt. Nach dem Essen bekam ich einen Stand am Rückwechsel. Herwig war mein einziger Standnachbar, zweihundert Meter oberhalb von mir. Die Treiber nahmen in der gut acht Meter breiten Schneise Aufstellung und trieben mit den Hunden von mir weg. Ich setzte mich auf meinen am Boden liegenden Rucksack und lehnte mich an einen Baum. Die Treiber entfernten sich immer weiter und waren kaum noch zu hören. Es fielen auch keine Schüsse bei diesem Treiben, und so stellte ich mich auf einen ruhigen Nachmittag ein. Die Doppelbüchse lehnte ich an einen Baum neben mir. Kurz darauf musste ich eingenickt sein, denn plötzlich rüttelten mich Schüsse wieder wach, und ich blickte noch etwas benommen in die Gegend. Da stand keine zehn Schritte vor mir eine Riesensau. Ich hatte vorher noch nie so ein gewaltiges Exemplar gesehen. Ich griff zur Büchse, und fast im selben Moment drehte sich die verhoffende Sau und flüchtete Richtung Schneise. Als sie die Schneise überqueren wollte, hatte ich sie kurz im Fadenkreuz und drückte ab. Getroffen, nach meiner Meinung, setzte sie ihre Flucht fort. Diese Chance hatte ich regelrecht – im wahrsten Sinn des Wortes – verschlafen. Ich hörte plötzlich Hundelaute näherkommen, und rasch füllte ich die Doppelbüchse im Kaliber 9,3 x 74R und wartete gespannt mit der Waffe in der Hand. Einige Minuten später, auf keine zwanzig Schritte, verhoffte wieder eine Riesensau in meine Richtung. Ein kapitaler Keiler! Diesmal war ich schneller, und der erste Schuss war schon aus dem Lauf. Es staubte im Bereich des Schildes, was mich zur Annahme veranlasste, dass die Sau von einem Suhlenbad gekommen war. Der zweite Schuss folgte dem Keiler und er lag am Boden und schlegelte. Nachdem ich die Doppelbüchse geöffnet und zwei neue Patronen ins Patronenlager geschoben hatte, wurde der Keiler plötzlich wieder hoch und kam direkt auf mich zu. Vor Aufregung traf ich anstatt des Keilers, der keine fünfzehn Schritte vor mir war, mit dem ersten Schuss einen kleinen Baum. Mit dem zweiten Schuss, Gott sei Dank, hatte ich mehr Glück. Ich traf den Keiler im Stirnbereich und er ging, tödlich getroffen, keine zehn Meter vor mir zu Boden und verendete. Der Schrecken saß mir in den Gliedern, ich zitterte am ganzen Körper.

Je mehr Zeit verging, desto bewusster wurde mir, in welch gefährliche Situation ich da geraten war. Vor lauter Aufregung fand ich in meinen Jacken und Hosentaschen keine Patronen zum Nachladen, obwohl ich noch vier Stück eingesteckt haben musste. Eine Viertelstunde später hörte ich das Signal „Jagd vorbei!“ Mein Standnachbar Herwig war schon kurze Zeit nach meiner Schussabgabe bei mir und gemeinsam gingen wir zur erlegten Sau. Vor uns lag ein gewaltiger Keiler, der aufgebrochen 219 kg auf die Waage brachte. Auch die Waffenlängen mit 20,6 cm und 20,9 cm waren bemerkenswert. Für das Fotoalbum folgte ein Erinnerungsfoto.

Herwig hatte mich beobachtet, als ich die erste Sau in die Schneise nach unten beschossen hatte, und war der Meinung, dass ich sie getroffen hätte. Beim Anschuss fanden wir Lungenschweiß, der bis zum Zeitpunkt, als wir unsere Suche abbrachen, minimal mehr wurde. Herwig meinte, dass die Hundeführer die beschossene Sau schon finden würden. Auch die anderen

Mein erster Treibjagdkeiler

Teilnehmer an der Treibjagd teilten mit mir meine Freude über diesen wirklich guten Keiler.
Beim Abendessen wurde es so richtig lustig. Süffiger Wein wurde kredenzt und Herwig fing immer wieder mit dem Thema an, warum die ungarischen Jäger meine Sau, wo doch genug Schweiß vorhanden war, nicht nachgesucht

hätten. Peter war schon gut drauf und meinte, er würde sie mit seinem Jagdterrier Eki nachsuchen. „Da sind wird dabei“, bekundeten auch noch einige andere Jagdteilnehmer.
Zu fünft fuhren wir alsbald mit dem Geländewagen von Peter, einem Puch G, und natürlich mit Eki, zum Anschuss. Da kamen wir dann darauf, dass wir eigentlich nur eine Waffe und nur drei Taschenlampen dabei hatten. Jeder von uns war aufgrund einiger Achterln Wein zwar nicht betrunken, aber doch etwas angeheitert, und so starteten wir unsere Nachsuche mit den vorhandenen Utensilien. Peter suchte mit der Schweißleine vom Abschuss weg und hatte auch seine Waffe mit. Wir folgten ihm einige Zeit bis zu einer Dickung. Am Dickungsrand fanden wir noch Schweiß, aber wer von uns sollte nun die Dickung durchsuchen? Peter war schon immer ein wilder Hund und erklärte sich spontan bereit, in die Dickung zu gehen. Er hatte seinen Hund vor der Dickung geschnallt, weil er ihm im dichten Gestrüpp sonst nicht hätte folgen können. Plötzlich krachte es in der Dickung und die Geräusche mit dem Hundelaut hinterher kamen immer näher an unsere Ohren. Alle Lampen waren auf die Dickung gerichtet und Peter war schussbereit. Nur es kommt immer anders als erwartet, und die angeschossene Sau brach oberhalb von uns durch und Eki hetzte hinterher. Peter hatte nur nach unten die Möglichkeit, einen Schuss abzugeben, denn oberhalb von ihm standen ja wir vier. Eki entfernte sich immer weiter von uns und war kaum mehr zu hören und so gingen wir unverrichteter Dinge zum Fahrzeug zurück. Eine Zeitlang warteten wir auf den Jagdterrier, nur er kam nicht zurück. Für Peter stellte diese Situation kein Problem dar und er meinte, dass er Eki am nächsten Morgen an eben dieser Stelle wieder abholen werde. Peter hinterließ noch seinen Wetterfleck auf dem Boden und wir fuhren zurück zum Jagdhaus, wo wir schon von den anderen Jagdkollegen gespannt erwartet wurden.
Im Nachhinein betrachtet und anhand meiner vielen Nachsucheerfahrungen in den letzten Jahren kann ich nur sagen, dass wir diese Nachsuche damals sehr leichtsinnig und unbedacht gestartet hatten. Glücklicherweise war nichts passiert. Was alles hätte sein können, daran möchte ich gar nicht denken. In der Früh, noch vor dem gemeinsamen Frühstück, hat Peter seinen Eki dann beim Wetterfleck wieder abgeholt.

Der zweite Jagdtag begann wie der erste. Beim ersten Treiben bekam ich einen Stand in einer Föhrenkultur zugeteilt. Mein Ausblick war keine fünfundzwanzig Meter im Umkreis, was mir nach dem vorigen Tag nichts ausmachte, denn ich hatte ohnehin schon genug Anlauf und Weidmannsheil. Aber auch bei diesem Stand hatte ich Glück und konnte einen Überläufer erlegen, und auch beim Treiben am Nachmittag belohnte mich der heilige Hubertus mit einem Frischling. Nach der Streckenlegung ging es wieder ab nach Hause und zurück in den Alltag. Meine Erlebnisse bei dieser ersten Sautreibjagd werden für mich unvergesslich bleiben. Ich habe in der Zeit danach noch viele Sautreibjagden miterlebt und an manchen Tagen nicht einmal eine Sau zu Gesicht bekommen. Bei meiner ersten Sautreibjagd hatte ich, wie man schon so schön sagt: „Anfängerglück!"

Keilerwaffen meines ersten erlegten Keilers (20,6 cm und 20,9 cm)

Jagdbekleidung bei Bewegungsjagden

Seit jeher verwenden Jäger überwiegend „traditionell" die Farbe Grün, wenn es um die Wahl der Farbe für die Jagdbekleidung geht. Wie überall, so konnte ich auch hier in den letzten Jahren feststellen, dass es zu einem Umdenken gekommen ist. Gerade bei den Bewegungsjagden wurde noch vor fünfzehn Jahren so gut wie kein Hutband, geschweige denn eine Signaljacke, getragen. Mit einem Signalband am Hut war man früher einmal nicht standesgemäß gekleidet und man wurde sogar belächelt. Man hat aber schnell gelernt und begriffen, dass ein Verwenden von Signalbändern am Hut in Verbindung mit dem Tragen von Signaljacken wesentlich zur eigenen Sicherheit, aber auch zur Sicherheit der anderen Jagdteilnehmer beiträgt.
In den USA, Kanada, Skandinavien und anderen Ländern ist die Verwendung von Signalfarben bei der Jagd nichts Außergewöhnliches. Bei einer Bewegungsjagd mit schlechten Lichtverhältnissen hat das

Mindestens ein Hutband soll man bei Bewegungsjagden tragen.

Signaljacken tragen zur allgemeinen Sicherheit bei.

Tragen eines Hutbandes bzw. einer Signaljacke den Vorteil, dass man seinen Nachbarschützen gut erkennt und selber gut erkannt wird. In der Bundesrepublik Deutschland wurde schon Anfang 1981 das Tragen von Sicherheitsbekleidung für Treiber vorgeschrieben. Und zu Beginn des neuen Jahrtausends, also vor 15 Jahren, ist das Tragen von einer farblich abgehobenen Bekleidung bei Gesellschaftsjagden Vorschrift. Natürlich gibt es immer wieder Diskussionen, ob man durch das Tragen der auffälligen Hutbänder und Signaljacken nicht doch früher vom Wild entdeckt wird und es dadurch nicht zusteht.

Laut Forschungsergebnissen kann das Schwarzwild Signalfarben nicht als Bedrohung zuordnen. Seit gut dreißig Jahren bin ich bei diversen Gesellschaftjagden als Gast dabei und habe auch als Jagdleiter viele organisiert. Ich kann mich noch genau erinnern, als ich mit dem Tragen eines Signalhutbandes begonnen habe, da war ich bei so mancher Treibjagd der Einzige. Sehr oft wurde ich von den älteren Jagdkollegen diesbezüglich belächelt. Bei den Treibjagden war und bin ich so für meine Nachbarschützen

Bei so einer Situation absolutes Schussverbot!

sehr gut sichtbar, was mir auch immer wieder bestätigt wurde. Außerdem trage ich bei Ansitz- und bei Bewegungsjagden hauptsächlich meinen strapazfähigen Hirschegger Jagdrock.

Bei sehr kaltem Wetter trage ich sogar auch noch einen Signalschal. Viele Forste vermarkten ihre Bewegungsjagden selber, und gerade bei diesen, wo sich Jäger aus unterschiedlichen Gegenden und Ländern zusammenfinden, steigt die Unfallgefahr. Jeder möchte zu Schuss kommen, denn in den meisten Fällen hat man im Vorfeld schon bezahlt. Nicht selten gibt es da Teilnehmer, die unkontrolliert in der Gegend umherballern. Gerade bei Bewegungsjagden muss die Sicherheit an erster Stelle stehen und man sollte die traditionelle Jagdbekleidung gegen eine sinnvolle tauschen. Immer öfter kommt es in letzter Zeit jedoch vor, dass bei schriftlichen Jagdeinladungen auch schon auf die Sicherheitsbekleidung hingewiesen wird. Dies ist vorbildlich, und ich kann diese Entwicklung nur begrüßen, denn es ist ein weiterer sinnvoller Schritt, um Unfälle zu verhindern.

Ein heller Hirschegger Jagdrock in Verbindung mit einem Signalhutband ist bei Bewegungsjagden weithin sichtbar.

Nachsuchen von angeschweißtem Schwarzwild

Egal, welche Jagdart man auf das Schwarzwild ausübt, vor dem Anschweißen eines Stückes ist kein Saujäger gefeit. Es spielen viele Faktoren mit, ob eine Sau im Feuer liegt. Die Wahl des Kalibers mit dem passenden Geschoss kann viel dazu beitragen, dass eine Sau im Feuer verendet oder nur eine kurze Fluchtstrecke hat. Beim Schwarzwild ist die Bandbreite, vom Frischling mit nur zwanzig Kilo bis zur groben Sau mit bis zu zweihundert Kilo oder sogar mehr, sehr groß.
Bei der Einzeljagd auf Schwarzwild kann man es sich selber richten, damit man einen guten Schuss abgibt. Natürlich spielen auch bei der Einzeljagd die Schussentfernung, die Größe der beschossenen Sau und das verwendete Kaliber eine wesentliche Rolle. Stimmen die Schussentfernung,

Ausreichender Schweiß für eine Nachsuche

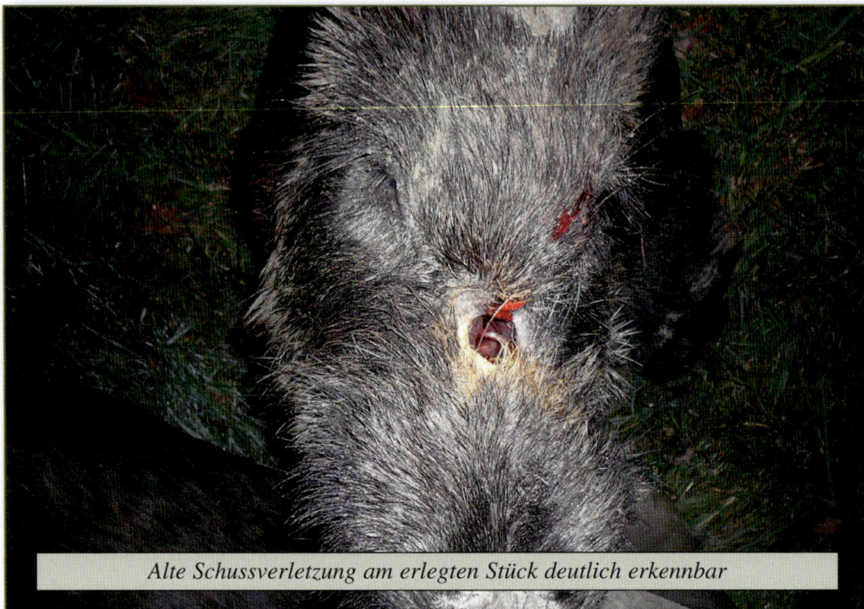

Alte Schussverletzung am erlegten Stück deutlich erkennbar

die Position und das verwendete Kaliber, wird der Erfolg nicht ausbleiben. Bei den Bewegungsjagden sieht es anders aus. Es wird auf flüchtiges Wild geschossen. Immer wieder stelle ich fest, dass viele Jäger Schwarzwild bei Bewegungsjagden, egal welche Position es gerade in der Flucht hat, gnadenlos beschießen. Natürlich ist bei den Bewegungsjagden die Möglichkeit, dass Sauen angeschweißt werden, am größten. Viele Nachsuchen habe ich nach Bewegungsjagden schon hinter mir. Ich war immer froh, wenn ich ein angeschweißtes Stück zur Strecke bringen konnte. Für jede Sau, die einen Gebrechschuss, einen Hammerschuss oder einen Weidwundschuss hat, ist es eine Qual, bis sie endlich erlöst wird. Sauen können mit Gebrechschüssen oft noch Monate leben.

Bei einer Sautreibjagd wechselte mich eine einzelne Sau im Buchenaltholzbestand an. Ich sprach sie als einen jungen Keiler an und erlegte sie mit meiner Doppelbüchse im Kaliber 8 x 57JRS auf gut vierzig Meter. Der Schuss war perfekt hinter dem Schild plaziert. Nach dem Schusszeichen machte der Keiler keine zwanzig Fluchten und verendete neben einem

Folgen eines schlechten Schusses

Baum. Bei näherer Betrachtung musste ich feststellen, dass der junge Keiler auch noch einen alten Schuss hatte. Am Nasenbein hatte er ein Loch von gut vier bis fünf Zentimetern im Durchmesser, und man konnte bis auf den nächsten Knochen sehen. Nach der Streckenlegung trennte ich im Stirnbeinbereich den Schädel ab. Nach dem Abkochen des Schädels sah ich erst die Auswirkungen dieses alten Schusses. Ein Teil des Nasenbeins, des Oberkieferbeins und des Tränenbeines waren ihm weggeschossen worden. Meiner Meinung nach hatte dieser junge Keiler den Schuss bereits als Frischling erhalten, denn der Knochen war im Schussbereich wieder verwachsen. Welche Qualen hatte diese Sau über Monate erleiden müssen, bis sie endlich meine erlösende Kugel getroffen hatte? Mit meiner inzwischen verstorbenen Dachsbrackenhündin Brina hatte ich viele erfolgreiche Nachsuchen auf angeschweißtes Schwarzwild. Meine Hündin war so überlegt bei ihren Nachsuchen, dass sie sich selber nie in Gefahr brachte, obwohl gerade bei Nachsuchen die größten Gefahren lauern.

Die getroffene angriffslustige Bache am Boden

In einem Jagdgatter hatten wir Ende November eine Treibjagd mit zwölf Schützen. Als Jagdleiter trieb ich mit den Treibern und Hundeführern mit, um zu sehen, was wir bei der nächsten Treibjagd wieder besser machen könnten. Ich war ohne eigenen Hund unterwegs, hatte aber meinen kurzen zuverlässigen Nachsuche-Repetierer im Kaliber 8 x 57JS dabei. Auf diesen hatte ich mir ein Compact-Point montieren lassen. Das Vormittagstreiben ging schon langsam dem Ende zu und ich war gerade im Begriff, noch einen kleinen Buchenunterwuchs zu durchstreifen.

Als ich mich bücken wollte, um unter einem langen geknickten Baum hindurch zu kriechen, griff mich seitlich eine – wie sich später herausstellte – angeschweißte Bache blitzschnell an und rammte mich zu Boden. Als ich mich wieder vom Boden erheben wollte, kam sie mit offenem Gebrech zurück und direkt auf mich zu. Ich warf mich instinktiv flach auf den Boden, die Hände schützend über meinem Kopf verschränkt, und schon spürte ich die Schalen ihrer Hämmer auf meinem Rücken. Nachdem sie mich überrollt hatte, lief sie keine zehn Meter mehr und machte wieder

halt, wie mir Peppi, der auf Stand Nr. 6 die ganze Aktion beobachtet hatte, hinterher erzählte. Er erlegte dann glücklicherweise die angriffslustige Bache keine zehn Meter neben mir. Dieser Angriff war für mich aber noch gut ausgegangen, denn außer einigen Blutergüssen am Rücken hatte ich keine weiteren Blessuren abbekommen. Mit Respekt gehe ich daher immer angeschweißten Sauen mit oder ohne Hund nach.
Bei einer weiteren Jagd, keine zwei Monate später, sollte ich einen Schützen mit seiner Frau beim Stand abholen. Beim Stand angekommen, erklärte mir der Schütze, was er alles erlegt hatte, und zeigte mir die Richtungen, in denen die Sauen liegen. Bei uns ist es gang und gäbe, dass Trophäenträger markiert werden müssen, damit es bei der Strecke dann zu keinen unnötigen Diskussionen kommt. Ich sah vom Stand aus zwei kleine Sauen und eine sehr große auf gut vierzig Meter liegen. Der Schütze und seine Frau wollten mit mir zur großen Sau gehen. Dies lehnte ich ab, da die Sau mit dem Schädel nach unten von uns weg hockte. Es konnte sein, dass sie verendet war, es konnte aber auch anders sein, erklärte ich den beiden am Stand und bewegte mich alleine vorsichtig von hinten an die Sau heran. Auf zehn Meter war ich schon herangekommen und ich konnte keine Anzeichen feststellen, dass sie noch lebte. Und weiter schlich ich mich vorsichtig Schritt für Schritt an die Sau heran, mit der Waffe in der Hand. Bei meinem Nachsuche-Repetierer, einem Mauser K 98, der mit einer Flügelsicherung ausgestattet ist, habe ich den Flügel bei einer Nachsuche immer nach oben gestellt, damit ich ihn bei Bedarf mit dem Daumen schnell umlegen kann und somit schussbereit bin. Mit einem geladenen, entsicherten Gewehr mache ich keine Nachsuche, da die Gefahr zu groß ist, dass sich ein Schuss beim Durchstreifen von Dickungen löst. Darum bevorzuge ich mein Nachsuche-Gewehr in diesem Kaliber, denn an die einhundert Sauen habe ich damit schon von ihren Qualen erlösen können. In der Zwischenzeit war ich im schlammigen Boden auf gut sechs Meter an die Sau herangekommen. Plötzlich rief mir der Schütze zu, dass er mit seiner Frau nachkommen werde, da die Sau keine Lebenszeichen mehr von sich gäbe. Fast zur selben Zeit, ich war abgelenkt durch die Zurufe des Schützens, sprang die Sau – ein riesiger Keiler – aus dem Wundkessel, drehte sich dabei um einhundertachtzig Grad und kam blitzschnell in Notwehr auf mich zu. Im Reflex streckte ich dem

Dieser Keiler hatte es auf mich abgesehen.

Keiler meine Büchse entgegen, dieser warf mich in den morastigen Boden und ging an mir vorbei.
Die Sau machte jedoch nach einigen Metern kehrt und kam mit offenem Gebrech, dampfend wie eine Lokomotive, wieder auf mich zu. Warum der Keiler nochmals umdrehte, wird mir immer ein Rätsel bleiben, denn er wurde in seiner Flucht nicht von mir behindert. In der Zwischenzeit hatte ich mich im Schlamm ein wenig aufgerichtet, entsicherte meine Waffe und wollte die Zieleinrichtung benutzen. Diese war jedoch mit Schlamm zubetoniert. Wie ich es schlussendlich fertiggebracht habe, weiß ich gar nicht mehr, aber ich habe dem attackierenden Keiler auf drei Meter durch das offene Gebrech geschossen. Dieser schob sich tödlich getroffen vor mir in den Schlamm und spritzte mich nochmals von oben bis unten mit Schlamm voll. Ich schaute aus, als käme ich aus einer Suhle. Auch meine Waffe war als Waffe kaum noch zu erkennen, so war sie mit Schlamm bedeckt. Diese Aktion war wieder mal gut ausgegangen für mich. Hätte ich nicht diese langjährige Erfahrung beim Nachsuchen von Schwarzwild

Diese angriffslustige Bache erhielt vier Schüsse ins Leben, bevor sie sich vor mir ins Laub schob.

gehabt, hätte ich den Schützen mit seiner Frau wahrscheinlich mitgehen lassen. Was dann passiert wäre, daran möchte ich gar nicht denken …! Keiler rammen ihre Artgenossen, aber auch einen Feind (Mensch bei der Nachsuche), der sich ihnen in den Weg stellt, schräg von vorne und versuchen dabei das Hindernis mit den Waffen zu verletzen. Vor allem angeschweißte Keiler haben einen besonders ausgeprägten Siegeswillen, daran sollte man bei einer Nachsuche immer denken. Ein guter Rat von mir, suchen Sie alleine keine starke Sau in Dickungen nach, dies könnte böse Folgen haben! Ich habe auch einige Erfahrungen diesbezüglich gemacht, nachdem ich grobe Sauen beschossen, angeschweißt und nachgesucht habe. Zwei weitere Episoden möchte ich erzählen, vielleicht hat der eine oder andere von Ihnen auch schon ähnliche Erfahrungen machen können.
In einem Altholzbestand mit Buchenunterwuchs von einem halben bis einem Meter schob sich von links, vierzig Meter oberhalb von mir, eine einzelne Sau durch den Unterwuchs. Im Zielfernrohr beobachtete ich, wie mich die Sau mit dem rechten Licht fixierte, während sie versuchte, sich

Mein Freund Herwig mit seinem attackierenden Keiler

zu verdrücken. Eine Zeit lang, es waren gut zwanzig Meter, begleitete ich diese Sau mit dem Zielfernrohr. Oberhalb von mir war eine lichtere Stelle, die sie passieren musste, und dies nutzte ich aus und schickte ihr das erste Geschoss aus meiner Bockdoppelbüchse im Kaliber 375 H&H Mag. Fast im Schuss drehte sich die Sau um neunzig Grad und kam mit offenem Gebrech auf mich zu. „Rums“, das zweite Geschoss schlug am Wildkörper auf und warf die Sau zu Boden. Gerade als ich die nächsten zwei Patronen ins Patronenlager schob, stand die Sau wieder auf und kam weiter auf mich zu. „Rums“ und „Rums“ und wieder nur einige Meter von mir entfernt, brach sie zusammen und verendete.

Mein Nachbarschütze hatte die Szene beobachtet und gemeint, dass er – wäre er in derselben Situation gewesen – die Flucht ergriffen hätte. Auch meinen Jagdfreund Herwig, der mein Nachbarschütze bei einer Treibjagd war, hat der Keiler, der sich auch verdrücken wollte, nach dem Schuss sofort angenommen. Auch er hatte Glück, denn der angeschweißte Keiler wollte ihn zwar attackieren, verwechselte ihn aber mit einer Buche. Der Keiler sprang mit voller Wucht auf diese und als er zu Boden ging, schoss ihm mein Freund auf drei Meter in den Kopf. Obwohl er auch unzählige Treibjagden hinter sich hatte, war ihm das vorher auch noch nie passiert. Ich hatte nicht einmal eine Chance – ohne meinen Freund Herwig zu gefährden –, den Keiler vorher zu stoppen. Ich bin der Meinung, dass eine grobe Sau, wenn sie weiß, aus welcher Richtung sie beschossen wurde, genau auf die Schussrichtung zusteuert. Diese Beobachtung konnte ich schon einige Male machen.

Zustehender verhoffender Keiler

Ansprechen von Schwarzwild

Schwarzwild nach Alter und Geschlecht – außer bei den Frischlingen – anzusprechen, ist nicht einfach. Gleichaltrige Sauen können unterschiedlich stark im Körper sein. Bachen und Keiler gleichen sich oft in der Winterschwarte. Will man Schwarzwild sicher nach dem möglichen Alter und Geschlecht ansprechen, bedarf es ausreichender Erfahrung. Ich vertrete den Standpunkt, dass bei Bewegungsjagden eine im Vollspeed querende Sau über eine Schneise kaum anzusprechen ist, egal ob es sich dabei um einen Keiler oder um eine Bache handelt, noch dazu, wenn sie alleine diese quert. Ich fotografiere auch sehr viel bei Bewegungsjagden und habe oft erst zu Hause am Laptop beim Betrachten der Bilder (mit Vergrößerungsmöglichkeiten) eine Zuordnung vornehmen können. Einige wichtige Merkmale am lebenden Schwarzwild, die das Ansprechen erleichtern sollen, möchte ich Ihnen aus meinen Erfahrungen hier kundtun.

Frischlinge

Gestreifter Frischling 8 Wochen alt und im Winterkleid mit 8 Monaten

Keinerlei Schwierigkeiten bereitet das Ansprechen eines Frischlings, wenngleich es zu Größenunterschieden kommen kann. Die Schwarte ist bräunlich-gelb mit hellen Borsten.

Überläufer

Überläufer in der Winterschwarte verhoffend und flüchtig

Ausgesprochen hochläufig wirken Überläufer. Man unterscheidet zwischen Überläuferkeiler und Überläuferbache. Die Kopfform ist gegenüber einem starken Frischling etwas größer, das Aussehen jedoch ist noch immer jugendlich. Der bräunliche Farbton der Schwarte ist teilweise noch erkennbar. Der Überläufer zeigt noch Hals, und sein Gewicht scheint gleichmäßig auf die Vorder- und Hinterhämmer verteilt. Überläuferkeiler haben in der Regel einen kürzeren, gedrungenen Kopf und einen sichtbaren Pinsel.

Junger Keiler (bis 3 Jahre)

Junger Keiler in der Sommer- bzw. Winterschwarte

Verschwunden ist der jugendliche Ausdruck. Gewehre und Haderer sind schon gut sichtbar. Das Gewicht eines Keilers verlagert sich mit zunehmendem Alter nach vorne. Der Hals ist kaum mehr vorhanden, da der Kopf und der Rumpf übergangslos ineinandergehen.

Mittlerer Keiler (3–5 Jahre)

3- bis 4-jähriger Keiler

Deutlich sichtbar sind die Waffen. Die Teller sind beachtlich groß mit langen schwarzen Borsten am Rand. Einen bereits ausgewachsenen Keiler in diesem Alter kann man gegenüber älteren kaum noch unterscheiden, außer man hat hervorragende Lichtverhältnisse. Jedoch wann hat man diese schon bei der Bejagung des „nachtaktiven" Schwarzwildes? Die Verlagerung der Körpermasse nach vorne ist schon deutlich feststellbar.

Alter Keiler (6 Jahre plus)

In vielen Revieren gibt es kaum ältere Keiler. Obwohl ich schon viele Keiler zur Strecke gebracht habe, sind die Keiler über sechs Jahre schon eher selten anzutreffen. Unübersehbar ist die Gewichtsverlagerung nach vorne. Der Gesichtsausdruck ist urig. Ein Drittel der gesamten Wildkörperlänge nimmt der starke kräftige Kopf ein. Die Teller sind groß, mit kräftigen Borsten. Die Keulen wirken zur Schildpartie schwach. Der Pinsel ist auffällig und sehr gut sichtbar. Die Bewegungen eines alten Keilers wirken etwas langsamer und überlegter.

Ca. 6-jähriger Keiler

Bache

In der Regel haben Bachen einen längeren keilförmigen Kopf. Ich habe auch schon welche gesehen, die einen gedrungenen Kopf und Körper (ähnlich einem Keiler) hatten. Diese Bachen kann man dann, wenn sie alleine unterwegs sind, leicht mit einem Keiler verwechseln. Im Sommerhaar ist die Gesäugeleiste deutlich erkennbar. Das Gebrech erscheint in der Winterschwarte breiter. Die Borsten sind grau bis schwarz und kräftig. Meistens sind Bachen mit Frischlingen und Überläufern in einer Rotte vereint. Leitbachen sind sehr vorsichtig und blasen bei Gefahr. In der Dämmerung oder nachts, bei Schnee- oder Mondlicht ist ein Ansprechen eines einzelnen Stückes nach den Körpermerkmalen kaum möglich.

Alte (über 10-jährige) starke Bache im Haarwechsel und in der Winterschwarte

Rotte

Bedenken sollte man, dass Sauen, die nahe zustehen, größer wirken. Stehen sie weiter weg, dann erscheinen sie kleiner.

In einer gemischten Rotte hat man jedoch Anhaltspunkte für Größenverhältnisse. Man kann die Bache von den Überläufern und Frischlingen einigermaßen gut unterscheiden.

Waffen, Kaliber und Optik

Welche Drillinge, Kipplaufbüchsen, Doppelbüchsen und Repetierbüchsen eignen sich für Ansitzjagden, Pirsch und Bewegungsjagden, inklusive Munition und Optik?

Ansitz

Beim Ansitz ist vor allem die Optik wichtig, damit man auch noch bei schlechten Lichtverhältnissen einen kontrollierten Schuss abgeben kann. Extrem lichtstarke Zielfernrohre eignen sich besonders gut beim Ansitz in den Morgenstunden und in der Abenddämmerung sowie in Mondnächten. Dazu sollten sie variabel und mit einem fein dimmbaren Leuchtabsehen ausgestattet sein. Ob Leuchtpunkt oder Leuchtkreuz, die Meinungen gehen

Egal welches Geschoss verwendet wird, es muss töten!

hier auseinander. Ich persönlich bevorzuge den Leuchtpunkt in der zweiten Bildebene.

Beim Ansitz sollte man auf Sauen kein Kaliber unter 7 mm verwenden. Ich zum Beispiel verwende beim Ansitz auf Schwarzwild meistens eine Repetierbüchse im Kaliber 9,3 x 62. Gute Erfahrung habe ich mit den ACCUBOND-, Vulkan- und Jaguar-Geschossen in diesem Kaliber gemacht.

Mit dem 12,2-g-Jaguar-Classic-Geschoss habe ich aufgrund seiner präzisen Flugbahn auch Wild auf zweihundert und sogar bis auf dreihundert Meter erlegen können. Entweder lag das Wild im Feuer oder es gab nur eine kurze Fluchtstrecke mit sehr viel Schweiß. Auch auf kurze Entfernungen hat dieses Geschoss eine hervorragende Wirkung.

Es gibt kaum ein Geschoss auf dem Markt, das ich nicht in verschiedenen Kalibern und auf verschiedene Wildarten ausprobiert habe. Ich bin der Meinung, dass das Geschoss zum Lauf passen muss, damit es tötet. Bei meiner Sauer 202 im Kaliber 30.06 ist die Federral mit dem Ballistic-Tip mit 9,72 g ausgezeichnet in der Wirkung. Wie gesagt, ich führe seit Jahren

Mit dem Kaliber 9,3 x 74 R wurden diese Keiler erlegt.

das Kaliber 243 Win., 6,5 x 68, 270 Win, 30.06, 8 x 57JRS, 8 x 57JS, 9,3 x 62, 9,3 x 74R und die 375 H&H Mag. Bei jedem dieser Kaliber verschieße ich nach vielen Experimenten ein bestimmtes Geschoss, um Erfolg in der Wirkung zu haben. Ob ein Kaliber mit seinem Geschoss brauchbar ist, kann man erst nach mehr als zwanzig Stück erlegtem Wild auf verschiedene Entfernungen feststellen. Ein Geschoss soll von zehn bis dreihundert Meter seine Leistung bringen in puncto Wirkung und Fluchtstrecke.

Pirsch

Bei der Pirsch soll man, was die Ausführung betrifft – wenn möglich –, handliche, leichtere Waffen verwenden. Gerade beim Pirschen im Wald oder auch auf Feldern bei Tag oder in Mondnächten trägt man das Gewehr oft Stunden. Ist die Waffe zu schwer, bekommt dies recht bald auch die Schulter zu spüren. Bei Waffen, die ich selber beim Pirschen verwende, sind variable Zielfernrohre nicht mehr wegzudenken. Bin ich im Wald mit

Ideale Waldstrukturen, um erfolgreich zu pirschen.

Unterwuchs unterwegs, stelle ich meine Vergrößerung auf 3- oder 4-fach herunter.
Gerade beim Locken der Sauen während meines Pirschens, wenn Sauen oft auf zehn bis zwanzig Schritte herankommen, hilft mir eine konstante lichtstarke Vergrößerung von „8-fach“ überhaupt nichts, sondern ist sogar hinderlich. Auch das Kaliber soll so gewählt werden, dass man auch noch durch schwache Äste bzw. Zweige durchschießen kann. Beim Pirschen verwende ich hauptsächlich eine kurze Repetierbüchse im Kaliber 9,3 x 62 mit einer Lauflänge von nur 53 cm. Ich habe schon vor Jahren nur mehr variable Zielfernrohre auf sämtliche Waffen bauen lassen und die meisten davon sind auch noch mit einem Leuchtpunkt ausgestattet.

Bewegungsjagden

Beschossene Sau bei einer Treibjagd

Wenn Schützen, Treiber, Hundeführer und Hunde gemeinsam in eine Jagd involviert sind, dann spricht man von einer klassischen Treib- oder Riegeljagd.

Bockdoppelbüchse

Doppelbüchse

Repetierbüchse

Angriffslustige Bache

Wildversorgung nach dem Schuss

Gerade beim Schwarzwild sollte das erlegte Wild rasch aufgebrochen und versorgt werden. Beim erfolgreichen Ansitz oder auch bei einer Pirsch auf Schwarzkittel kann man nach der Erlegung unverzüglich mit dem Aufbrechen beginnen. Bei den Bewegungsjagden mit langen Treiben müssen die Treiber oder Hundeführer das Aufbrechen übernehmen. Treibjagden finden hauptsächlich in der kühleren Jahreszeit statt. Ich habe aber auch schon an Bewegungsjagden teilgenommen, bei denen im Spätherbst an die 20 °C herrschten. Wenn das Schwarzwild bei solchen Temperaturen nicht unverzüglich versorgt wird, erhitzt es und das hervorragende Wildbret wird unbrauchbar und wertlos.

Gerade bei Bewegungsjagden sind die Schüsse nicht immer dort, wo sie normalerweise sein sollten. Das Risiko, dass es zu einem Weichschuss kommt, ist sehr groß. Wer kann schon genau berechnen, wie weit er vor-

Bergung einer erlegten Sau

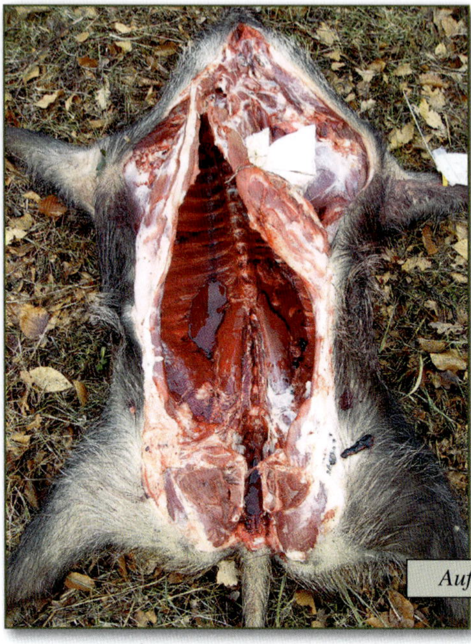

Aufgebrochene und gelüftete Sau

Vorbildliche Versorgung von Schwarzwild

halten muss, wenn eine Sau mit vollem Karacho über die Schneise braust. Auch beim Anlocken einer Sau ergibt sich kaum eine optimale Position für eine Schussabgabe. Meistens stehen die Sauen spitz oder halb spitz, jedoch nur selten breit.
Gerade bei einer halbspitzen Position der Sau, wenn man die Kugel seitlich vor, auf oder hinter dem Schild einfädeln muss, durchdringt das Geschoss meistens (abhängig vom Kaliber und Geschoss) fast den ganzen Wildkörper.

Schwarzwild soll so rasch wie nur irgendwie möglich versorgt und gekühlt werden. Bei diesem Hauptschwein sieht man, dass der größte Teil der Körpermasse im vorderen Bereich liegt.

Im Inneren sieht es dadurch oft fürchterlich aus. Falls Magen- oder Darminhalt durch einen schlechten Schuss oder auch beim Aufbrechen in die Bauchhöhle gelangen, sollte man die verunreinigten Teile mit besonderer Sorgfalt entfernen und die diversen Verschmutzungen rasch mit Trinkwasser reinigen. Bevor die Bauchhöhle geöffnet wird, wird das Stück Schwarzwild auf den Rücken gelegt. Die Muskulatur der Hinterhämmer wird im Bereich des Schlosses durchtrennt und dieses wird mit einer Säge geöffnet. Die Schnittführung erfolgt genau in der Mittellinie. Danach wird die Öffnung der Bauchhöhle und des Brustbeins genau in der Mittellinie vorgenommen, wobei das Brustbein ebenfalls mit einer Säge geöffnet wird. Drossel und Schlund werden durchtrennt und das komplette Innenleben (Herz, Lunge, Zwerchfell, Leber, Milz, Pansen und Gescheide) entfernt. Bei Verwendung der Leber ist die Gallenblase abzuschärfen. Zwischen Vorderhämmern und Rippenbereich wird die Schwarte aufgeschärft und entlang dieser so weit und tief geöffnet, dass die Vorderhämmer seitlich weggeklappt werden können. Durch diesen Vorgang werden auch die empfindlichen Stellen gut ausgekühlt. Bevor man das Stück aus der Scharte schlägt, muss man es auf Trichinen untersuchen lassen, aus Rücksicht auf die eigene Gesundheit, aber auch aus Verantwortungsbewusstsein gegenüber Privatabnehmern. Jedes Bundesland bzw. jeder Landkreis hat seine eigenen Wildbrethygiene-Vorschriften bzw. -Bestimmungen, auch diese sollte man nicht außer Acht lassen.

Bei solchen Strecken muss man auf die Wildbrethygiene besonders achten.

Altersbestimmung anhand der Schneidezähne

Auch Schneidezähne nutzen sich mit zunehmendem Alter ab.

Frischling

Bei Frischlingen sind die äußeren Schneidezähne (Dauerzähne) gegen Ende der Frischlingszeit gewechselt. Die mittleren vier Schneidezähne sind noch als Milchzähne vorhanden und wechseln erst danach.

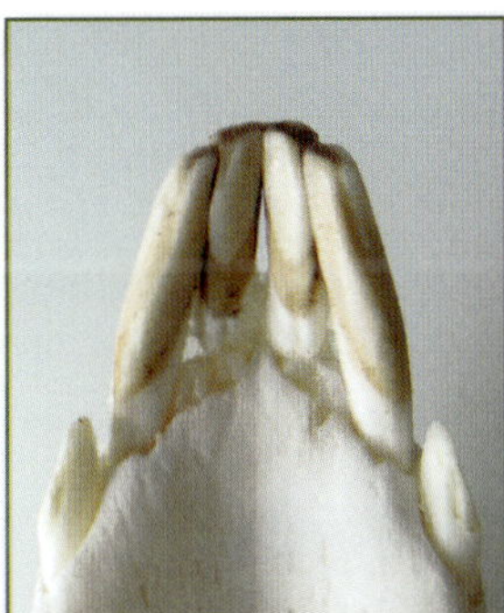

Ca. 11 Monate

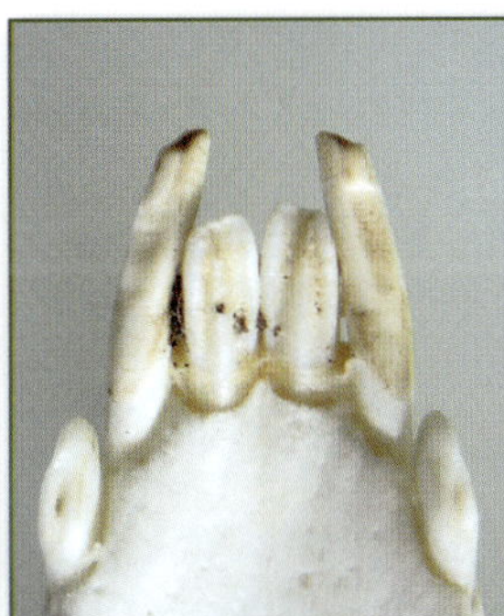

Ca. 14 Monate

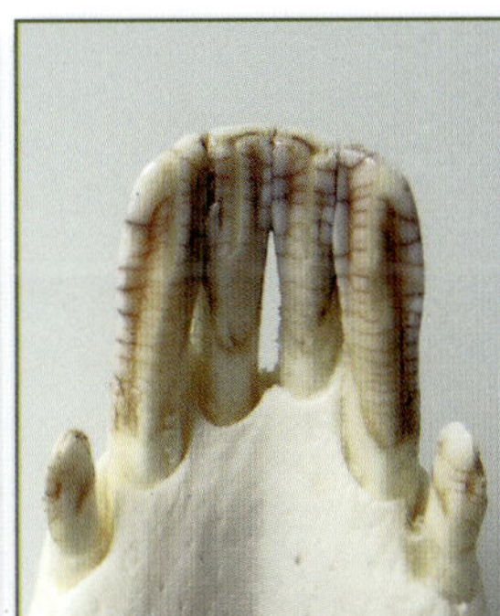

24 Monate

Überläufer

Ist der Dauereckzahn M² zu sehen, spricht man schon von einem Überläufer. Im Alter zwischen dem 22. und 24. Lebensmonat ist das Wachstum auch der Schneidezähne so gut wie abgeschlossen und diese weisen noch keine Abnutzungserscheinungen auf. Der letzte Backenzahn erscheint gegen Ende des 23. bzw. 24. Lebensmonats und das Gebiss ist danach vollständig.

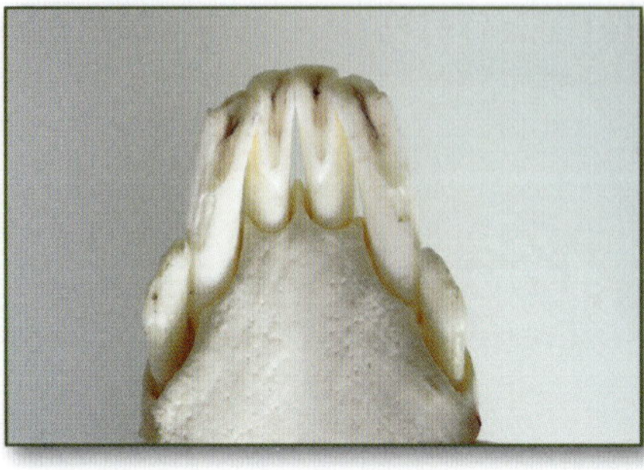

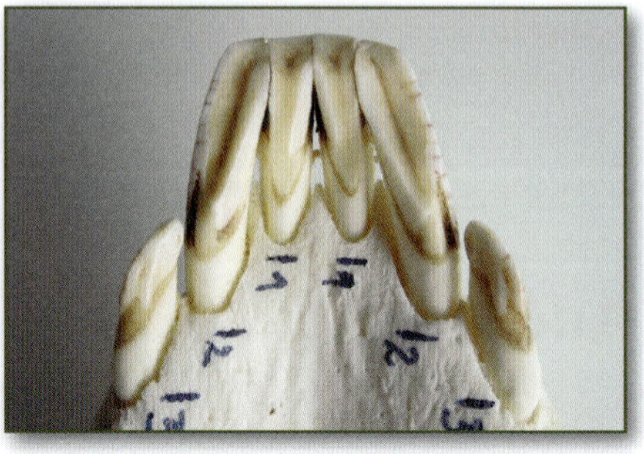

Sichtbare Abnutzung ca. 5 Jahre (links) und markierter Keiler 7 Jahre (rechts)

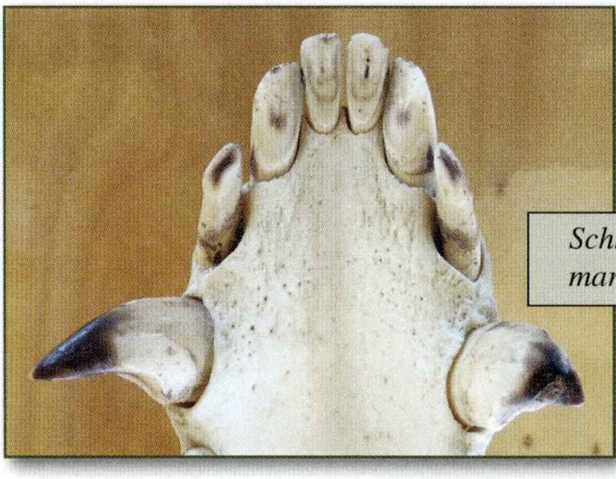

Schneidezahnabnutzung einer markierten Bache (14 Jahre)

Schneide- und Backenzahnabnutzung eines Keilers (10 Jahre +)

Bis zu einem Alter von zwei Jahren ist die Altersschätzung anhand der Zahnentwicklung möglich. Darüber hinaus wird es schon schwieriger. Es gibt in der Literatur verschiedene Methoden der Altersschätzung zum Nachlesen.

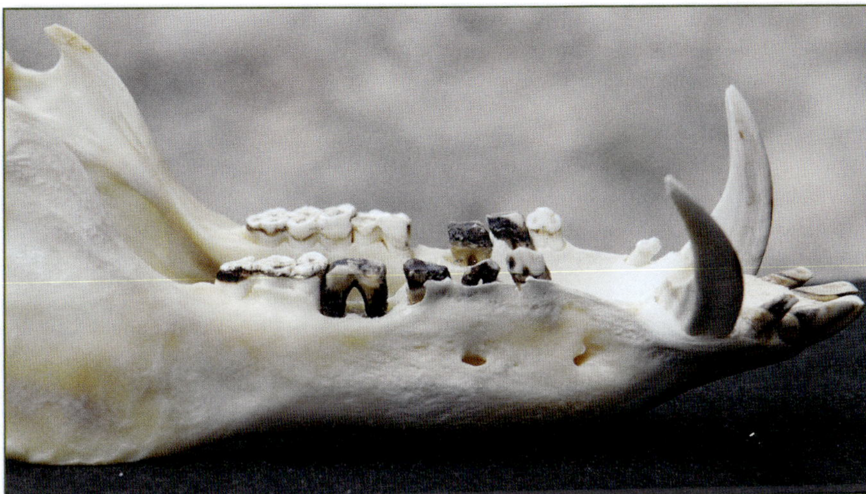

Neben der Abnutzung der Schneide- und der Backenzähne kann man bei alten Keilern immer wieder feststellen, dass sich auch die Gewehre und Haderer im Wurzelbereich verengen.

Der praktizierende Saujäger wird sich wie bisher der Methode des Zahnabschliffs bedienen und das Alter ungefähr schätzen. Für den „Ottonormalverbraucher" jedoch, der selten ein Stück Schwarzwild zu Gesicht bekommt, genügt es, wenn er weiß, ob er einen Frischling, Überläufer oder ein älteres Stück Schwarzwild erlegt hat, und dies kann man anhand der Schneidezähne einigermaßen gut feststellen.

Wie alt ist diese flüchtige Sau (Bache)?

Altersbestimmung beim Schwarzwild

Es gibt wohl kaum einen Jäger, den nicht tiefgreifendes Jagdfieber packt, wenn er in einem stillen, abgelegenen und verwachsenen Waldgraben plötzlich vor dem klaren, unverwechselbaren Trittsiegel eines Schwarzkittels steht. Nur wenige von uns können auf Erfahrungen zurückgreifen, um von diesem Trittsiegel auch gleich auf das Alter und Geschlecht schließen zu können.

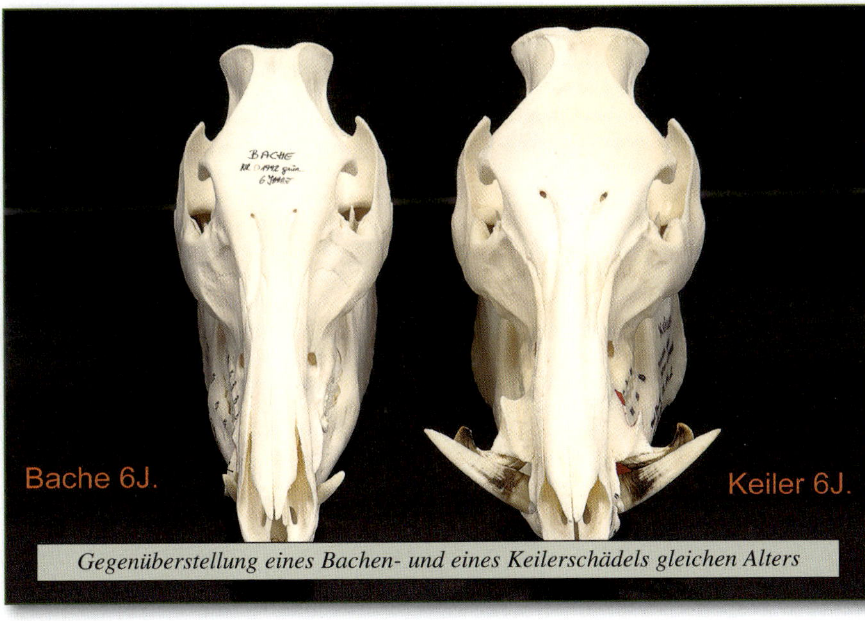

Gegenüberstellung eines Bachen- und eines Keilerschädels gleichen Alters

Aber beim unerwarteten Anblick einer Saufährte mag die Fantasie dem Jäger wohl das herrliche Bild eines mächtigen hauenden Schweines vor das geistige Auge zaubern und er wird so unweigerlich vom „Saufieber" gepackt, sodass man alles daran setzen wird, um dem heimlichen Eindringling auf die Schliche zu kommen. Drei besondere Eigenschaften, nämlich rasches Wachstum, hohe Vermehrungsrate und die Fähigkeit,

bei guter Mast Fett zu speichern, haben unsere Vorfahren einst bewogen, das Wildschwein zum Haustier zu machen. Gerade diese Eigenschaften, gepaart mit hoher Intelligenz, haben auch das Überleben dieser allzeit so intensiv bejagten, ja eher hartnäckig verfolgten Wildart gesichert sowie deren ständiges Vordringen in neue Gebiete beziehungsweise das Rückerobern ehemaliger Lebensräume ermöglicht. Mehr als jede andere Wildart sucht und braucht das Schwarzwild Ruhe und Deckung, und wenn es auch immer wieder Einzelstücke bzw. Rotten gibt, die „abenteuerlustig" in Gebiete von Wäldern und Fluren vordringen, so hat doch erst der Wandel in der Landwirtschaft – durch die ausgedehnten Maiskulturen – die idealen Bedingungen für einen dauernden Verbleib geschaffen. Die Sauen sind also wieder da, und auch wenn sie in einzelnen Revieren nicht als Standwild leben, was bei ihren oft viele Kilometer weiten nächtlichen Wanderungen verständlich ist, so besteht doch über ihre ständige Anwesenheit in größeren Regionen kein Zweifel. Wir werden uns also in der nächsten Zeit vermehrt mit diesem urigen und wehrhaften Wild zu befassen haben.
Es wird zwar in unserer dicht besiedelten, intensiv bewirtschafteten Kulturlandschaft vorläufig wohl kaum möglich sein, in „selektivem Abschuss" aus jeder Rotte immer nur das schwächste Stück sowie zweimal frischende Bachen (Frühjahr und Herbst) samt ihrem Nachwuchs zu erlegen, wie es die alten Grundregeln der Schwarzwildhege empfehlen. Zwecks Erarbeitung der notwendigen Richtlinien zur maßvollen und den jeweiligen Verhältnissen angepassten Bejagung werden baldigst Fachleute aus den verschiedenen Bereichen zu Wort kommen müssen, um die Richtung vorzugeben. Noch vor einigen Jahren wurde in Gebieten, in denen kein Schwarzwildvorkommen war, fast „Großalarm" gegeben, wenn man eine Saufährte entdeckt hatte. In der Folge wurde das Schwarzwild dann oft über zwei, ja sogar drei Reviere hinweg gehetzt, bis es entweder endlich zur Strecke kam oder nicht mehr verfolgbar war. In letzter Zeit allerdings haben immer mehr Jäger in aller Heimlichkeit und mit gebotener Vorsicht die Lebensgewohnheiten der im Revier gespürten Sauen beobachtet und die richtigen Schlüsse gezogen. Manch einem erfüllte sich wohl ein Lebenstraum, wenn er schließlich als Krönung seiner intensiven „Ermittlungen" einem Stück Schwarzwild die Kugel antragen konnte. Es ist daher angebracht, sich

anhand der reichlich vorhandenen Fachliteratur eingehend mit der Biologie dieses wieder zur heimischen Fauna gehörenden Wildes zu befassen. Aber auch am bereits erlegten Stück stellen sich Fragen, die nicht immer leicht zu beantworten sind. Meistens beschränkt sich das Ansprechen vor dem Schuss schon aufgrund der Kürze der zur Verfügung stehenden Zeit und der oft vorherrschenden schlechten Lichtverhältnisse lediglich auf die Feststellung „Sau!“. Schon allein die Bestimmung des Geschlechtes findet häufig erst statt, wenn der glückliche Schütze – noch fiebernd vor Aufregung – an seine Beute herantritt. Dann taucht aber auch sogleich die Frage nach dem Alter auf, das Volumen des Wildkörpers fällt sofort ins Auge und verleitet unwillkürlich dazu, daraus Schlüsse auf das Alter zu ziehen. Körpergewicht und Maße unterliegen jedoch beim Schwarzwild, wie eingehende Untersuchungen ergeben haben, so großen Schwankungen, dass eine auch nur annähernd zutreffende Altersbestimmung mit Maßband und Waage nicht möglich ist. Ein Frischling zum Beispiel, der im Herbst (zur „Unzeit“) das Licht der Welt erblickt und danach gleich in einen harten Winter kommt, kümmert noch jahrelang, während ein Frühjahrsfrischling, der im laufenden Jahr und im folgenden Winter reichlich Futter findet, bereits als Überläufer das Gewicht eines schlecht „in der Mast“ stehenden Keilers erreichen kann. So bleibt einzig und allein die Zahnentwicklung (nicht der Abschliff der Backenzähne und auch nicht die Schleiffläche der Gewehre), welche mit ausreichender Sicherheit Auskunft über das Alter geben kann.

Mit 24 Monaten ist der stufenweise Wechsel vom Milchgebiss (28 Zähne) zum Dauergebiss (44 Zähne) abgeschlossen und bis dahin kann das Alter auf zwei Monate genau bestimmt werden. Bereits im 12. bis 13. Monat aber werden beim Zahnwechsel die Milcheckzähne durch Dauereckzähne ersetzt. Die Gewehre beziehungsweise die Haken und Haderer sind jetzt schon vorhanden, wenn auch noch nicht angeschliffen. Ab dem 24. Monat geben nur die Gewehre des Keilers oder die Haken der Bache genaueren Aufschluss über das Alter des Stückes. Neueren Forschungen zufolge wird beim Keiler schon längere Zeit nicht mehr die Länge der Schleiffläche als Bestimmungs-Merkmal herangezogen, sondern die aufgrund des mit etwa 9 Jahren abgeschlossenen Schädelwachstums stattfindenden

Durchmesserveränderungen der Gewehre. Bei den Keilern kann man anhand der Formzahlen der Gewehre (nach Brandt, 1961, 1965) das Alter einigermaßen bestimmen. Wie kommt man zu der Formzahl?

„Durchmesser am Wurzelende durch Durchmesser an der Schleifecke"

Alter des Keilers ca.	Formzahl
1-jährig	um 1,80 … 1,50
2-jährig	um 1,50 … 1,30
3-jährig	um 1,30 … 1,20
4-jährig	um 1,20 … 1,15
5-jährig	um 1,15 … 1,10
6-jährig	um 1,10 … 1,05
7-jährig	um 1,05 … 1,03
8-jährig	um 1,03 … 1,00

Alle Keilerwaffen mit der Formzahl 1,00 … 1,05 haben das Breitenwachstum weitgehend abgeschlossen und sind, unabhängig vom Alter des Stückes, als reif anzusehen.

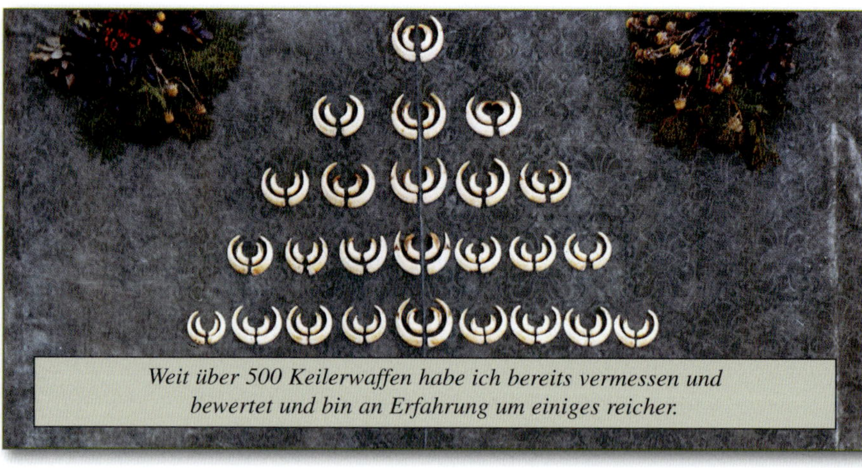

Weit über 500 Keilerwaffen habe ich bereits vermessen und bewertet und bin an Erfahrung um einiges reicher.

Durchmesserveränderung (nach Brandt)
am Keiler mit der **lfd. Nr. IX/07/89**

links/raus 6,5 cm, 45,8 %	links/drin 7,7 cm, 54,2 %
rechts/raus 6,8 cm, 43,3 %	rechts/drin 7,9 cm, 53,7 %
Durchmesser/Wurzelende	25,5 mm
Durchmesser/Schleifecke	25,8 mm

„Durchmesser am Wurzelende durch Durchmesser an der Schleifecke“ = 0,99/Formzahl nach Brandt

Laut Berechnung nach Brandt war der Keiler über 8 Jahre, laut Kieferabnutzung jedoch war er wesentlich älter. Da dieser Keiler markiert war, war eine Feststellung seines tatsächlichen Alters nicht schwierig. Er war im 10. Lebensjahr.

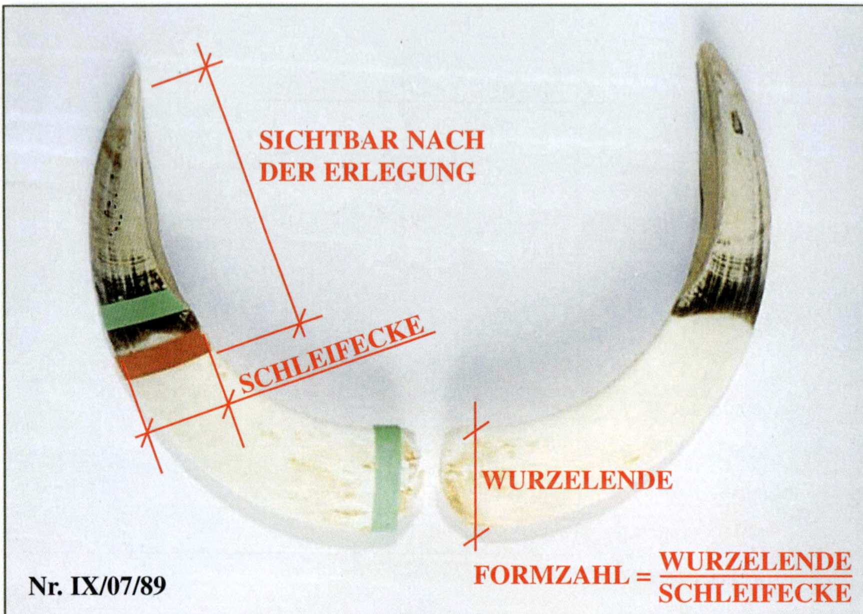

Nach diesen Erkenntnissen (nach Brandt 1961, 1965) wurde von Ing. Rudolf Schwarz eine Grafik erstellt, die er mir anlässlich meiner aufwendig präsentierten Schwarzwild-Sonderausstellung auf der Fachmesse Revier & Wasser 2004 in Graz übergab. Anhand dieser kann man sehr gut das Alter eines Keilers bis zum achten Lebensjahr feststellen. Mit einer Schiebelehre wird der größte Durchmesser 10 mm vom Wurzelende ermittelt (Wert D) und durch den ebenso gemessenen größten Durchmesser an der Schleifecke (Wert d) auf zwei Dezimalstellen dividiert. Das Ergebnis ist die „Formzahl". Nun sucht man im waagrechten Balken der Grafik diese Formzahl, geht vom gefundenen Punkt senkrecht nach oben bis zur Kurve und dort waagrecht nach links bis zum senkrechten Balken (im Beispiel die strichlierte Linie). Hier lässt sich nun das Alter des Keilers ablesen. Die Formzahl für Keiler nach dem siebenten Lebensjahr ist übrigens ungefähr 1,04 bis 1,0 (gleiche Breite des Gewehrs von der Wurzel bis zur Schleifecke), die Formzahl für Frischlinge liegt bei etwa 1,8. Das Alter einer Bache kann ebenfalls – wenn auch nicht so genau – an den Zähnen festgestellt werden. Der größte

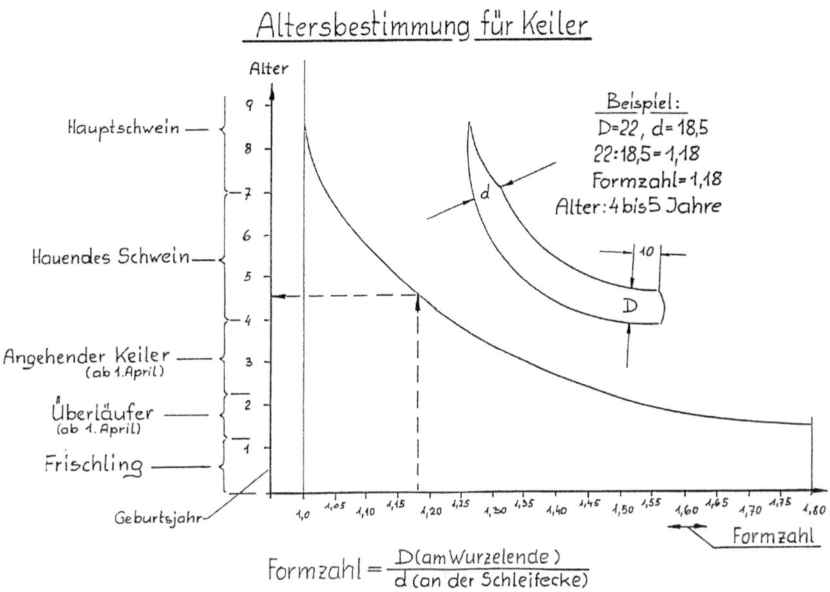

Altersbestimmung für Keiler (Grafik von Jagdschriftsteller Ing. Rudolf Schwarz, Graz)

Durchmesser der Haken liegt bei zwei- bis dreijährigen Bachen bei etwa 1 cm über der Wurzel, verschiebt sich bei vier- bis fünfjährigen etwas nach oben, liegt bei fünf- bis siebenjährigen ungefähr in der Mitte und nähert sich bei über siebenjährigen der Schleifecke. Beim Keiler ist also die Formzahl 1,0 das Traumziel, und aus der zahlreichen Nachkommenschaft des Schwarzwildes gelingt es irgendwie immer wieder, dass aus dem einen oder anderen Frischling ein Hauptschwein wird – ein Hauptschwein mit unglaublich viel Intelligenz und Erfahrung, ein Einzelgänger, der nicht nur dem Tageslicht, sondern sogar dem fahlen Mondschein misstraut. Viel harte Arbeit gehört dazu, viel Ausdauer und eine gehörige Portion Glück, um solch einem alten Bassen die Kugel auf sein Schild zu setzen.

Feststellbare Veränderungen im Wurzelbereich bei den Haken der Bachen (links), aber auch bei den Haderern der Keiler bei zunehmendem Alter.

Bei Bewegungsjagden auf einen alten Bassen spielt die Erfahrung, das richtige Verhalten in Verbindung mit einem schnellen Schuss, eine wesentliche Rolle, um Erfolg zu haben.

Von Haderern und Gewehren

Bei über 500 erlegten Keilern habe ich mit ein bis zwei anwesenden Protokollführern die linken und rechten Gewehre vermessen, welche oberhalb des Lippenrandes sichtbar waren. Das Sprichwort bei Keiler-Gewehren „1/3 raus, 2/3 drin" trifft nach langjähriger Erfahrung nur bei den dreijährigen zu 90 % zu. Es gibt jedoch vereinzelt Ausnahmen bei den zwei- und vierjährigen Keilern. Grobe Abweichungen gab es auch immer wieder bei älteren Keilern mit bis zu **62 %** raus und nur **38 %** drin.

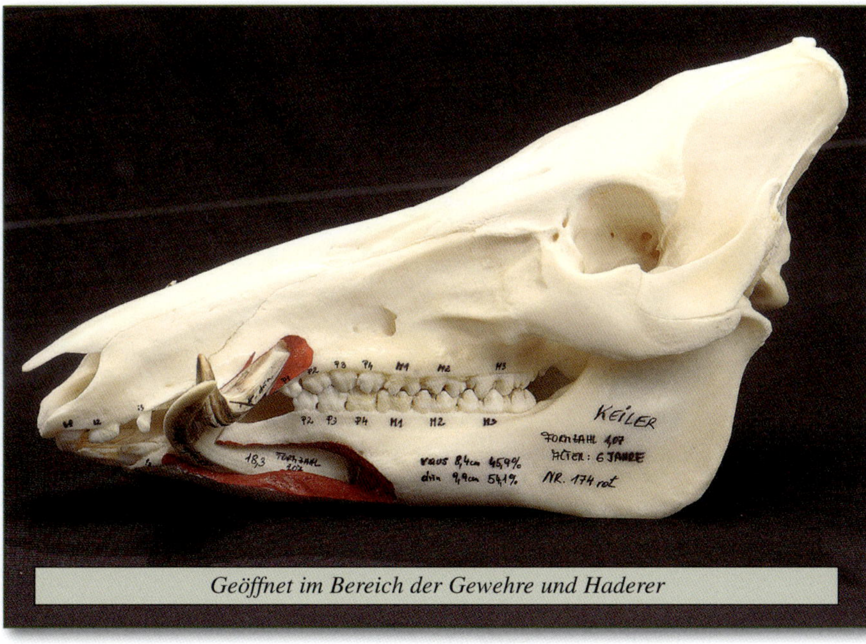

Geöffnet im Bereich der Gewehre und Haderer

Ich besitze auch eine Sammlung von verschiedenen Schädeln, von einem 3 Monate alten Frischling über Überläufer, junge Bachen bis hin zu alten und uralten Bachen und natürlich auch vom jungen bis zum reifen Keiler. Die kompletten Schädel habe ich abgekocht, vorsichtig die Gewehre und Haderer

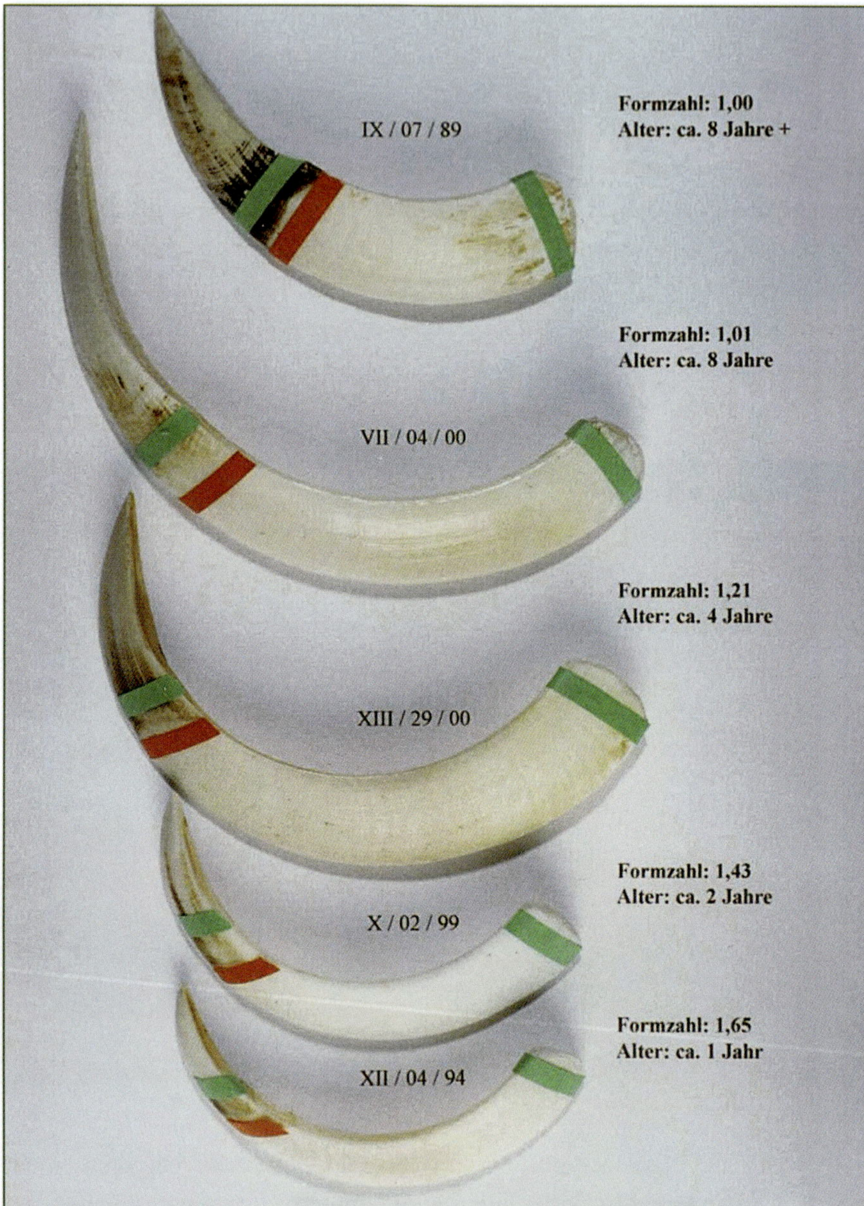

Man sieht die Veränderung mit zunehmendem Alter.

entfernt und danach den Bereich, wo sie gelagert waren, aufgeschnitten, vermessen und bewertet. Dass ein Milchgebiss beim Schwarzwild 28 Zähne und ein Dauergebiss 44 Zähne hat, lernt man schon beim Jagdkurs, aber dann ist es mit dem Informationsfluss in diese Richtung fast auch schon vorbei. Interessant sind sicherlich auch die Durchmesserveränderungen an den Haken der Bachen bzw. an den Keilergewehren.

Bis zum Alter von 2 bis 4 Jahren ist damit zu rechnen, dass die Breite der Gewehre am Bildungsraum noch zunimmt. Mit der Veränderung des Schädels wächst auch die Gewehrlänge.

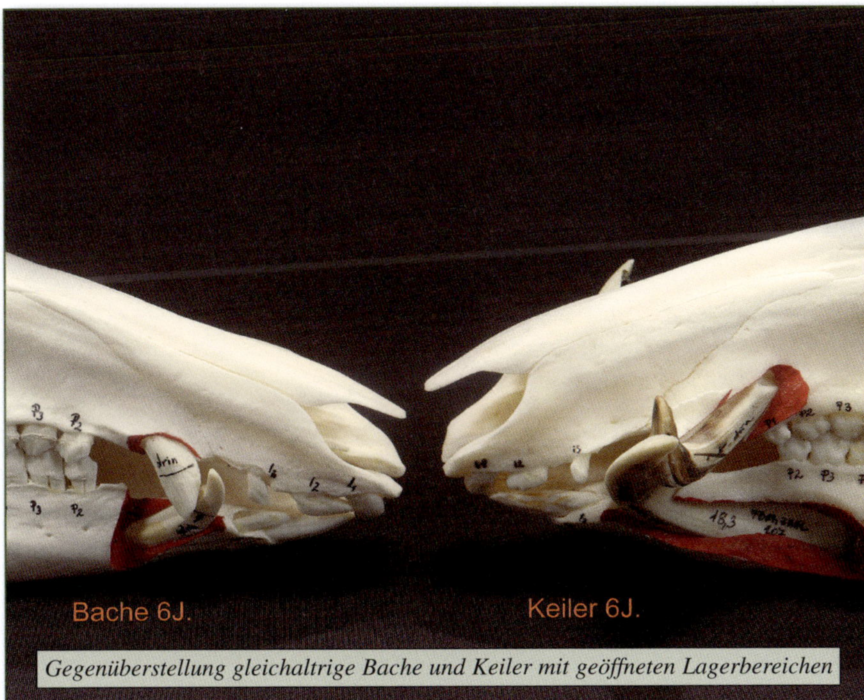

Gegenüberstellung gleichaltrige Bache und Keiler mit geöffneten Lagerbereichen

Ist das Schädelwachstum beendet und wird nun kontinuierlich Zahnmasse gleicher Breite gebildet, dauert es einige Zeit, bis die schmälere Gewehrmasse nach vorne gewandert und in der Reibung mit den Haderern abgeschliffen ist.

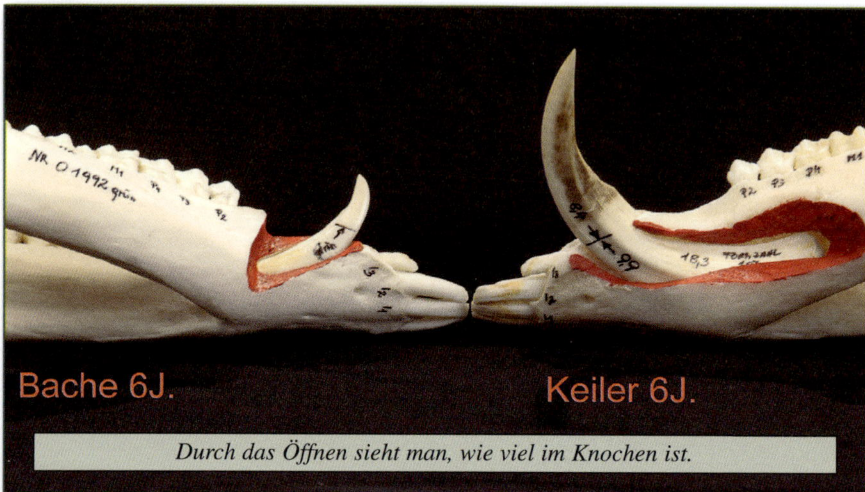

Durch das Öffnen sieht man, wie viel im Knochen ist.

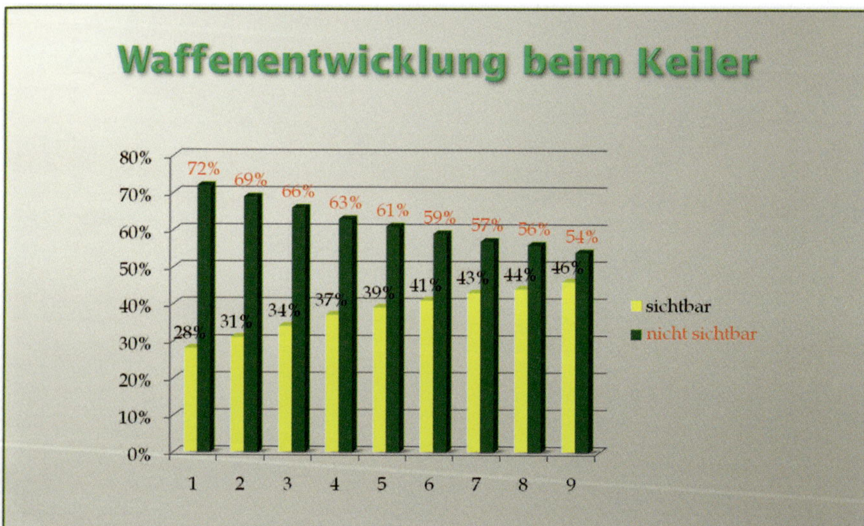

Grafik: Das Sprichwort bei Keiler-Gewehren „1/3 raus, 2/3 drin“ trifft meiner Erfahrung nach nur bei höchstens 40 % (von 500 vermessenen Gewehren) zu. Nur bei den Dreijährigen gibt es kaum Abweichungen.

Bei Keilern kann man anhand der Formzahlen der Gewehre (nach Brandt) das Alter einigermaßen bestimmen. Alte Keiler können sich auch am

Wurzelende minimal verengen. Bei Haderern kam es bei alten Keilern sehr oft vor, dass das Wurzelende verengt und im Inneren fast verschlossen war. Ein kleiner Auszug aus meinen jahrelangen Aufzeichnungen; wie viel steht raus und was verbirgt sich im Schädel!

Grobe Abweichung bei nicht beschädigten Keiler-Gewehren			
cm/raus/%	**cm/drin/%**	**Gewehrlänge**	**Formzahl/Alter**
9,5 cm / 61,7 %	5,9 cm / 38,3 %	15,4 cm	1,07 / ca. 6
11,2 cm / 59,3 %	7,7 cm / 40,7 %	18,9 cm	1,11 / ca. 5–6
8,5 cm / 62,0 %	5,2 cm / 38,0 %	13,7 cm	1,01 / ca. 8
6,1 cm / 34,7 %	11,5 cm / 65,3 %	17,6 cm	1,17 / ca. 4–5
4,7 cm / 22,3 %	16,4 cm / 77,7 %	21,1 cm	1,22 / ca. 4
6,4 cm / 28,2 %	16,3 cm / 71,8 %	22,7 cm	1,19 / ca. 4–5
8,1 cm / 31,1 %	17,9 cm / 68,9 %	26,0 cm	1,13 / ca. 5–6
6,2 cm / 40,5 %	9,1 cm / 59,5 %	15,3 cm	1,03 / ca. 7
9,2 cm / 41,8 %	12,8 cm / 58,2 %	22,0 cm	1,00 / ca. 8
6,2 cm / 39,5 %	9,5 cm / 60,5 %	15,7 cm	1,28 / ca. 3
7,1 cm / 41,5 %	10,0 cm / 58,5 %	17,1 cm	1,03 / ca. 7
9,1 cm / 41,7 %	12,7 cm / 58,3 %	21,8 cm	1,01 / ca. 8
6,1 cm / 30,7 %	13,8 cm / 69,3 %	19,9 cm	1,21 / ca. 4
4,9 cm / 35,0 %	9,1 cm / 65,0 %	14,0 cm	1,33 / ca. 2
8,5 cm / 42,2 %	11,6 cm / 57,8 %	20,1 cm	1,00 / ca. 8
4,6 cm / 32,6 %	9,5 cm / 67,4 %	14,1 cm	1,43 / ca. 2
6,5 cm / 45,8 %	7,7 cm / 54,2 %	14,2 cm	1,00 / ca. 8+
3,2 cm / 25,4 %	9,4 cm / 74,6 %	12,6 cm	1,65 / ca. 1+

Bei den Bachen hingegen verändern sich die Wurzeln bei den Haken. Bei ihnen schließt sich, im Gegensatz zu den Wurzeln der Keilergewehre, mit zunehmendem Alter das Wurzelende. Diese Veränderung ist ein Anhaltspunkt zur Feststellung, ob es sich im Einzelfall um eine junge oder alte Bache handelt. Für eine bessere Einstufung des Alters bei Keilern bzw. Bachen sollte man unbedingt die Zahnabnutzung der Prämolaren und Molaren inkl. Schneidezähne in Betracht ziehen. Nach der Erlegung eines Keilers hört man unter den Jägern immer wieder vom Gewehrabschliff. Ein Zentimeter für ein Jahr. Diese Methode ist völlig unbrauchbar und entspricht keinesfalls der Realität.

Mein Leben lang wird mir die Erlegung dieses Keilers, mit Gewehren von 26,8 und 26,1 cm, in Erinnerung bleiben.

Trophäenbehandlung

Der Schwarzwildschädel hat mich immer schon fasziniert und interessiert. Deshalb habe ich vor allem bei markierten Sauen nach der Erlegung den kompletten Schädel ausgekocht, den Bereich, in dem die Gewehre gelagert waren, nach deren Entfernungen aufgefräst und vermessen und verschiedene Methoden der Altersbestimmung angewendet. Im Laufe der Zeit habe ich eine ansehnliche Sammlung von Schwarzwildschädeln zusammengebracht. Auch Trophäenwände kann man mit Keilerwaffen bzw. Haken von Bachen optisch gut gestalten. Dabei ist es wichtig, dass man sich auf eine Art von Schildern einigt und diese auch je nach Bedarf auf Vorrat legt. Das Befestigen nach dem Abkochen und Ausfüllen der Gewehre, Haderer und Haken auf Schildern ist sehr einfach. Ich nehme einen Leim und streiche die hinteren Flächen der Waffen ein und lege sie gleichmäßig verteilt auf das Schild. Bei starken Keilerwaffen führe ich in den hinteren Flächen

Es gibt verschiedene Arten, wie man Keilerwaffen montieren kann.

zwei kleine Bohrungen mit maximal 2 mm durch und klebe mit dem Sekundenkleber einen Stift mit 1 cm ein, wobei nur ca. fünfzig Prozent, also 0,5 cm, in die Waffen geklebt werden. Der Rest des Stiftes wird in das Schild versenkt. Der Vorteil dabei ist, dass gerade die starken Gewehre und Haderer einen guten Halt am Schild brauchen. Die Zahnwurzeln kann man danach mit einem im Fachhandel erhältlichen Eichenblatt verblenden. Auch in Silber gefasst, sehen sie auf einer Wand hervorragend aus.
Ich selber lege besonderen Wert darauf, dass meine Keilerwaffen und die Haken von Bachen sorgfältig montiert werden. Wenn ich sie auf der Wand oder am Schreibtisch betrachte, werden in mir immer wieder Erinnerungen an diverse Jagderlebnisse auf diese urige Wildart geweckt. Einige Ideen darf ich Ihnen hier aufzeigen, vielleicht finden Sie an der einen oder anderen Montageart Gefallen.

Montagemöglichkeit für die Haken der Bachen

Schlusswort

Wer die Jagd auf das Schwarzwild ausübt, wird meine Begeisterung für diese Wildart verstehen. Ich habe versucht, in diesem Buch wesentliche, wissenswerte und hilfreiche Informationen weiterzugeben. Mit Sorge blicke ich jedoch auf die Zuwachsentwicklung der europäischen Bestände.
Schon vor über einem Jahrzehnt habe ich bei meinen Jagdfreunden auf die immer steigenden Abschusszahlen des Schwarzwildes hingewiesen und Zuwachszahlen genannt, die teilweise milde belächelt wurden. Meine genannten Abschusszahlen damals sind in der Zwischenzeit schon erreicht. Die Tendenz zeigt, dass die Abschusszahlen und die Zuwachsraten noch lange nicht auf ihrem Höhepunkt angekommen sind. Natürlich ist es erfreulich, wenn man im eigenen Revier Schwarzwild hat, nur der Bestand darf nie außer Kontrolle geraten. Ein Schwarzwildbestand in einem Revier sollte ein ausgewogenes Verhältnis zur Umwelt haben, damit Wildschäden möglichst vermieden werden. Mit den ständigen Veränderungen und der Ausbreitung des Schwarzwildes in neue Lebensräume werden auch Jägerinnen und Jäger, die bis jetzt noch nicht mit Wildschweinen in Berührung gekommen sind, mit dieser Wildart konfrontiert.
In diesem Buch habe ich versucht, meine persönlichen Erfahrungen von den Lautäußerungen, Lockinstrumenten, Lockzeiten bis hin zu den Altersbestimmungen und vieles mehr einzubringen.

Aus unserem Programm

ISBN 978-3-7020-1202-1